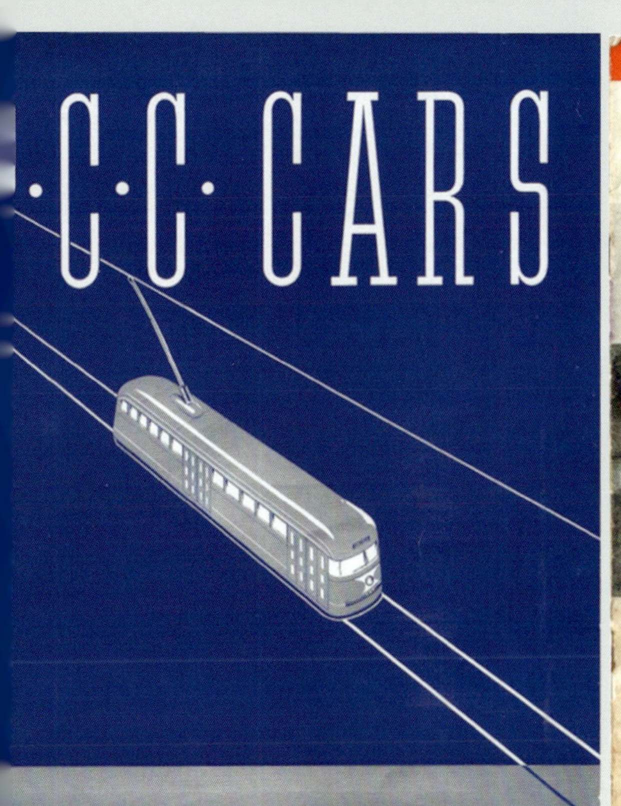

IE NEWEST FORCE
BUILDING TRANSIT PATRONAGE

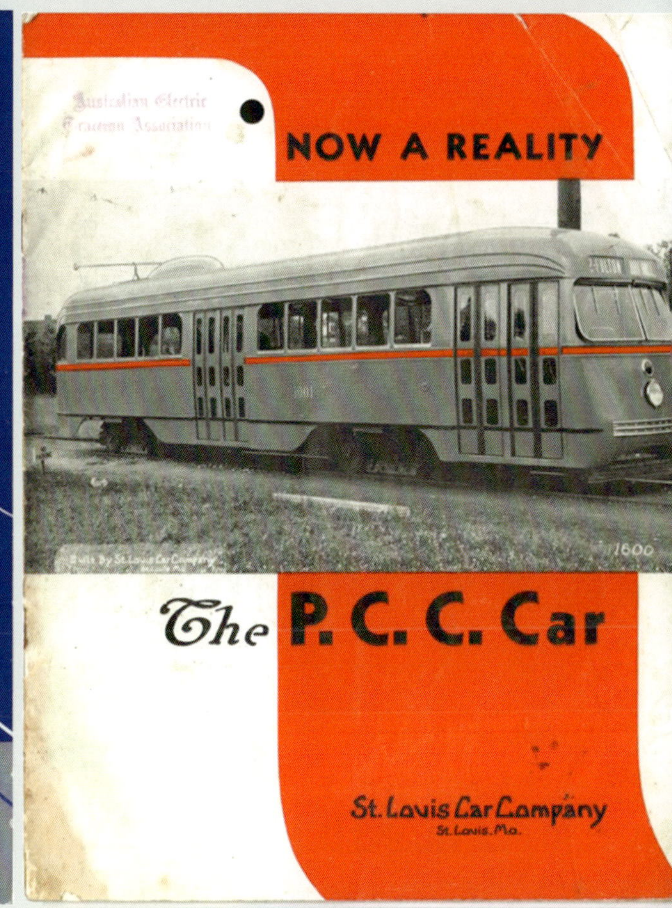

大阪市交通局殿納

FS252直角可撓駆動式台車

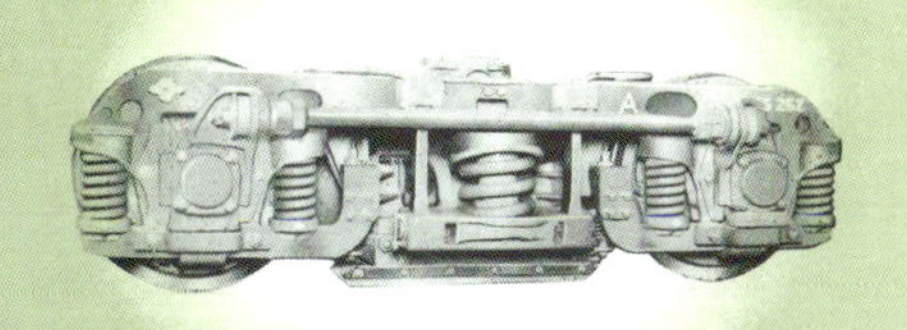

住友金属工業株式会社
住友商事株式会社

路面電車用

RC-072

名古屋市交通局800形806号が名古屋駅前を行く。　1968.4.8　名古屋駅前　P：荻原二郎

高性能路面電車の先駆け「無音電車」

神戸市交通局1150形1155号(保存車)。1955(昭和30)年製の試作車(1151・1152)をベースに翌年新製された、直角カルダン駆動の高性能電車。しかし不具合が頻発したことから1964(昭和39)年に吊掛駆動化、1971(昭和46)年の神戸市電全廃に伴い引退、1155は保存車として本山交通公園(現在の小寄公園)に保存されている。
1997.5　P：宮武浩二

日本車輌が開発した超軽量車(NSL車)名古屋市交通局800形は、808号が1958(昭和33)年の「ECAFE鉄道展」にて国鉄キハ03形レールバスや90系電車などとともに展示され、先進技術をアピールした。
1958.5.14　国鉄大井工場
P：荻原二郎

米国TRC社(PCC車のライセンス元)のライセンス準拠で製造された都電5500形5501号。製造遅延により国内技術で製造した5502号に先を越され、都電で２番目の高性能車となった。 1969.1.1 上野公園 P：中村夙雄

大阪市電3001形3050号(保存車)。軌条吸着トラックブレーキを装備した「路面軌道用無音電車仕様書」準拠の高性能車。
1993.8.5 緑木検車場
P：宮武浩二

鹿児島市交通局700形704A＋704B号。大阪市電3001形を４両譲り受け、不足する車体や部品は新造して２車体３台車の連接車４本としたもの。写真は新塗装化された姿で、この後704ABは1990(平成２)年に冷房化改造されたものの３年後の豪雨で冠水、1994年に廃車された。 1989.4.13 交通局車庫 P：宮武浩二

広島電鉄1150形1151号。1955(昭和30)年製で神戸市交通局の試作高性能車両であったが、1964年には吊掛駆動化、1971年の神戸市電全廃により広電へ渡り、ほぼ神戸時代の塗色のまま冷房化改造された。広電での廃車は1999(平成11)年。
1991.3.14 千田車庫 P：宮武浩二

はじめに

筆者が「PCCカー」の存在を初めて知ったのは、11歳の頃であった。保育社のカラーブックでの記事であったが、間接自動制御とフットペダルによるコントロール、カルダン駆動による高加減速、弾性車輪による防音防振に配慮した「静かなる速い電車」を、米国が戦前という遠い時代に実現させたことに強烈な印象が頭に焼き付いたことを昨日のことのように記憶している。

その夢のような路面電車車両である「PCCカー」が、213kmの路線長を誇った全盛期の東京都電に1両存在し上野公園で保存されている事、さらに1950年代中盤からのカルダン駆動、新型台車、軽量車体に代表される高性能車の黎明期、「PCCカー」を参考に路面電車の世界でも高性能車が製造され、「無音電車」のニックネームで少数ながら存在したことを知るのに時間は掛からなかった。

しかし路面電車自体が、高性能車ブームと同時に始まる日本国内の高度経済成長、それに伴うモータリゼーションの進展、都市地域の拡大による地下鉄等代替交通機関への発展的解消で六大都市をはじめ日本全国より数を減らし、華々しくデ

鹿児島市交通局701A＋701B。大阪市電3001形を改造した連接車だが、重量に対する出力が弱く、またワンマン化できないことから非冷房のまま1979(昭和54)年に廃車された。
1970.3.11　鹿児島駅前　P：荻原俊夫

ビューした「無音電車」も短命に終わり、実車を見聞し体験することは叶わなかったことは子供心にも残念な事であり「どのような車両であったか全て調べたい」という好奇心に火が付いたのは間違いない。

この度、RM LIBRARY「大榮車輌ものがたり」「新京成100型・126型」の著者である稲葉克彦氏を通じて、約40年越しで「和製PCCカー」というカテゴリーをまとめる機会を得ることができた。今回は「公営カルダン車篇」として所謂六大都市に導入されたカルダン駆動を採用した路面電車車両を紹介する。

尚、RM LIBRARYでは既刊「全盛期の大阪市電」、「全盛期の神戸市電」、「名古屋市電」があり、高性能路面電車を運用していたため本書と内容が重複する箇所が多数ある。本書では、“日米の電車技術史とその系譜”という視点から見た車両発達史として捉えていることをご理解頂き、併せてご一読頂くと幸いである。

※本書では鉄道車両製造メーカー、電機品メーカーが多数登場するが、特に米国の電気車用電機メーカーの「ウェスティングハウス・エレクトリック」と「ジェネラル・エレクトリック」はそれぞれ「WH」「GE」の略称で記させて頂くことを最初にお断りする。

6～7頁の写真はすべてSan Francisco Municipal Railway（サンフランシスコ市営鉄道、略称「Muni」）で、各地のPCCカーの塗装を再現し、保存を兼ねて営業運転しているもの。写真の1015号車は第二次大戦後の1948年製造だが、いわゆる戦前の前期型の車体に、後期型の「全電気式」機器類・台車を装備したダブルエンドの両運転台車。塗装はイリノイ州のインターアーバンIllinois Terminal Railroadカラーになっている。

撮影日：2009.5.26、P（4点とも）：松尾よしたか

1．PCCカーとは

1920年代よりアメリカではフォードに代表される自動車の発達に伴い、各地の路面電車経営が困難になりつつあった。そのためアメリカの電気鉄道事業者代表が結集してPresidents Conference Committee（電気鉄道経営者協議委員会）を結成、近代的な路面電車車両を開発することになった。数種類の試作車によるテストを経て、1936年ニューヨーク・ブルックリン向けPCCカーがデビューした。その後PCC委員会の後進であるトランジットリサーチ社（以後TRC社）がライセンスを管理し、米国内におけるPCCカーの製造は1952年まで続けられ約5,000両が製造された。

いくつかの設計変更や改良が行われているが、主な特徴は次の通りである。

(1)表定速度の向上、高加減速
(6.5km/h/sec～7.6km/h/sec)
(2)近代的な流線形車体、車両構造、製造保守の低廉化
(3)乗り心地の向上

これらを実現させるための技術要素として

●台車

B-2 スイングボルスター式ウィングばね式軸箱支持台車

B-3 二点可撓式H型台車枠インダイレクトマウント（ノンスイングハンガー）

ゴムブッシュ軸箱梁式軸箱支持方式

●主電動機

55HP/41.25kw 1時間定格回転数1720rpm×4個

●駆動装置

ユニバーサルジョイント使用直角カルダン

ハイポイド・ギヤ ギヤ比43:6=7.17

●制御装置：超多段式総括制御　永久並列接続

・WH（ウェスティングハウス）：

抵抗器一体式多接点型99段加速器（縦置きドラム全電気式作動）

・GE（ゼネラルエレクトリック）：

整流子型137段加速器（横置型 電空油圧式作動→全電気式作動）

パッケージ型電動カム軸式28段（全電気式作動）

フットペダル・コントロール（手動縦軸式も選択可）

２社ともに、惰行時ノッチ選択（スポッティング）→力行・電制操作時のデッドタイム低減のため（惰行時は常に電制1ステップ）

●制動装置

電空併用ブレーキ（時速5km/hまで電制で減速）

→電制作動時の空制遮断ロックアウトリレーの実用化

後に主電動機電機子軸電磁作動式ドラムブレーキ→エアレスの実用化

非常&駐車用軌条吸着トラックブレーキ（電磁式）

後期型の車番1051は1948年製片運転台で、左側面はドアなし、右側面は前と中央にドアがある(左写真中央)。元はペンシルベニア州フィラデルフィアで走っていたものが1982年にMuniへ譲渡されたもので、塗装は1960年代のMuniのカラーを再現している。

●弾性車輪

→剪断ゴムをタイヤとボスの間に挟み込み、防音防振を実現。

このように「軽量・高加減速、低騒音、乗り心地向上」を実現するが、路面電車向け(平均駅間距離200m、単行運転とエンドループの片方向運転が主体)に特化した技術であったため、米国内ではPCCカーを構成する要素技術を、都市内高速電車(高架鉄道や地下鉄、インターアーバン)など長編成、高速化に取り組んでいた。主に制御機構と制動装置に重きが置かれた。

●制御装置

・ＷＨ

ＡＢＳ/ABFM：連動進段式電空単位スイッチ式制御装置

・ＧＥ

ＰＣＭ：電空油圧カム軸式多段制御器

→ＭＣＭ：パッケージ形全電気式電動カム軸式制御装置

●制動装置

・電制空制同期・長編成対応のSMEE、

・自動ブレーキ併用電磁直通空気ブレーキHSCの実用化

以上PCCカーの技術は、米国の路面電車を15年延命させたと評されているが、その技術が基となり長編成対応、大型化への対応に向けて第二次大戦前より技術的進展を見せておりこれらは戦後、日本への技術移転を経て動力分散式の電車が「新幹線」まで大発展を遂げる礎となった。

車番1055、仕様・製造年・来歴は上の1051と同様である。塗装はフィラデルフィアのカラーであるが、奇しくも名古屋市電ワンマンカーによく似た配色である。

2．PCCカー国産化の模索

2.1　戦前の動向

1936年に米国において誕生した高性能市街電車「PCC streetcar」。その情報は直ちに日本の鉄軌道事業者や鉄道車両メーカー、電機機器メーカーに伝えられたようである。住友金属による神戸市電700形と阪神電気鉄道国道線71型（1937／昭和12年）における弾性車輪の採用、芝浦製作所による阪神国道線71型へGEのPCM/PMコントローラー（電空油圧カム軸式多段制御器）のライセンス生産品であるRPM制御装置の採用など単発的な動きが存在した。

同年汽車会社と芝浦製作所はPCCカーの重要な技術要素「軽量高加速」を標榜し、都市間高速電車向けに部分的に適応させた九州鉄道（現・西鉄天神大牟田線）21型を製作、PCMコントローラーを国産化し架線電圧1500V対応とした多段式PA制御装置を開発。1939（昭和14）年には東京市電気局がPCCカーの調査研究を開始したが、1941（昭和16）年の日米開戦でこの動きは一旦中断する。

2.2　戦後の動向

戦後になって海外の技術情報が再び入手可能となり、1949（昭和24）年頃から東京都交通局でPCCカーの調査研究を再開した。

東京都交通局技術研究所では、当初WHタイプとGEタイプのPCC車２両を輸入することを計画した。予算の関係で１両のみ輸入と決定したが、日本の鉄道車両工業調査に来日したTRC社のデービス氏より「PCC車の日本製造は可能」との助言もあり、PCCカーの国内製造を決断する。この一連の流れには、1952（昭和27）年のサンフランシスコ向けPCC車の納入を最後に本国内でのPCC車生産を終了、新たな販路の開拓が必要であったTRC社側の事情も垣間見られる。

そして日本PCCカー国産化委員会のメーカー側代表である住友金属と、1951（昭和26）年にWHとの提携が復活した三菱電機が中心となり、WHタイプのPCCカーを国内製造することになった。これが東京都電5500形5501号である。

Column1　TRC社のライセンス概要と日本PCC委員会

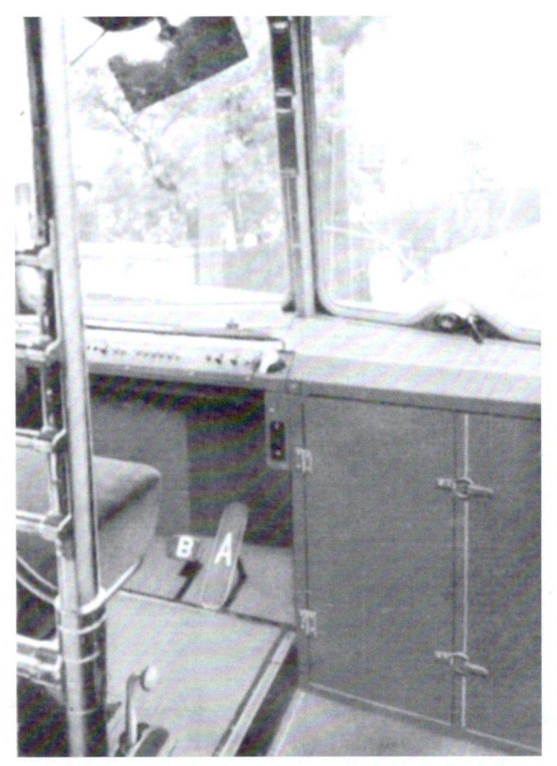

TRC社ライセンス準拠の都電5500形5501号では、PCCカーに倣いフットペダル・コントロールが採用され、主幹制御器は床下吊り下げとなっている。
出典：東京都交通局カタログ「PCC Car」（所蔵：松田義実）

TRC社の特許内容は、ロンビック構造の台車・ゴムを併用した枕ばね防振構造・ファンデリアを使用した車内換気システム・フットペダル仕様の「PCCコントロール」であり、電機品や駆動装置は含まれない。

これらライセンスのロイヤリティーであるが、1947（昭和22）年時点で基本料金が10,000ドル。PCCカー１両製造あたり200ドルが基本であった。その後の物価高騰もあって、1953（昭和28）年に日本PCC委員会がTRC社と提携した際は、基本料金は不明であるが、１両製造につき450,000円（1250ドル）、艤装図面は製造会社ごとに300,000円（833ドル）とされ、この高額なライセンス料がPCC車導入の機運に対して冷や水を浴びせたことは論を俟たない。

このように不利なライセンス条件ではあったが、1953（昭和28）年に住友金属が代表会社として他９社（日本車輌・汽車会社・川崎車輌・帝国車輌・近畿車輌・新潟鐵工所・東急車輌・東芝・日立）が協力会社となり、TRC社と技術提携を開始したのである。

米国PCCカーのパテントのもと製造された東京都電5500形5501号。 1955年頃　三田　P：沢柳健一

2.3　国内最初のPCCカー、都電5501号登場

○国内唯一のTRC社ライセンス準拠PCCカー

■東京都交通局5500形5501号 諸元表

事業者	東京都交通局		
型式	5500形　5501号		
製造年	1954(昭和29)年2月		
製造メーカー	ナニワ工機		
全長×全幅×全高(mm)	14,300×2,440×3,873.5		
自重	16t		
車体工法	全鋼製		
定格速度／最大加速度／減速度	28.0 km	5.3 km/h/sec	5.0 km/h/sec
台車	住友金属 FS-501		
車体支持方式	インダイレクトマウント		
枕ばね	コイルばね/釣鐘型防振ゴム		
軸箱支持方式	軸箱梁式		
軸ばね	ゴムブッシュ		
車輪	PCC型弾性車輪/剪断ゴム		
制御システム	WHタイプPCCカー用ABS		
主幹制御器	WH/三菱電機　KF-521		
制御電源	蓄電池32V		
制御機器動作方式	電磁単位スイッチ式		
抵抗短絡方式	WH/三菱電機　XC-99-581加速器 力行/制動99段		
予備励磁方式	スポッティング		
主電動機	三菱電機　MB-1432		
出力/個数	41.25kw/4個		
駆動方式	住友金属 直角カルダン/ハイポイドギヤ		
歯車比	43:6=7.17		
電制/空制同期	―		
発電ブレーキ操作	足踏みブレーキペダル		
空気ブレーキ	―		
ブレーキ弁	―		
基礎ブレーキ	主電動機電機子軸外締ドラム		

●形式：東京都交通局5500形5501号
●製造：ナニワ工機／1954(昭和29)年
●電機品：三菱電機　台車：住友金属

Transit Reserch Co.(TRC社、ERPCC電気鉄道社長会議委員会の後身、米国PCCカーのライセンス元)ライセンス準拠車として、都電5501号はあまりにも有名である。

しかし都電5501号の製造にあたっては、コスト削減のため艤装図面は購入しなかったとのこと。その結果、完成が大幅に遅延(完成予定は1953年末であったが、実際は1954(昭和29)年5月に完成)したほか制御器限流リレー誤作動頻発、主電動機はじめ電機機器の冷却不足、弾性車輪製造ミスによるビビリ振動(車輪入れの製造ミス)等、不具合が多発したと言われている。また駆動装置のハイポイドギヤも不具合が頻発。これは元々前進走行がメインの自動車由来の歯車であるため、片方向運転が主体のアメリカでは問題にならなかったが、ダブルエンド両運転台での双方向運転である日本国内特有の事象であったと言われている。

都電5501号の履く住友金属FS-501形台車。米国PCCカー用B-3台車のパテントで製造された。住友独自の仕様として台車枠を一体鋳鋼製としている。 出典：住友金属カタログ(所蔵：松田義実)

1960(昭和35)年にはフットペダル・コントロールを手動操作への改造を行なっている。OBによる証言では、床下の主幹制御器より梃子式のリンクで手動レバーを設置したとのことだが詳細は不明である。この改造の際に、スポッティング用の弱め界磁も撤去したと言われており、PCCカー特有の高速性は失われたと言われている。

1967(昭和42)年にはハイポイド・ギヤの故障で長期に渡り運用を離脱したが、11月末には修理が完了し運用復帰。12月9日の銀座通りの都電最終日に最終電車として有終の美を飾った。しかしその巨大すぎる車体サイズもあって他線への転用ができず、1967(昭和42)年12月16日に除籍された。

5501号は記念車として上野動物園に保存されたが荒廃が進み、1990(平成2)年に荒川車庫へ移動。その後2007(平成19)年より荒川車庫に隣接する「都電おもいで広場」において改めて整備のうえ保存されたのは周知の通りである。

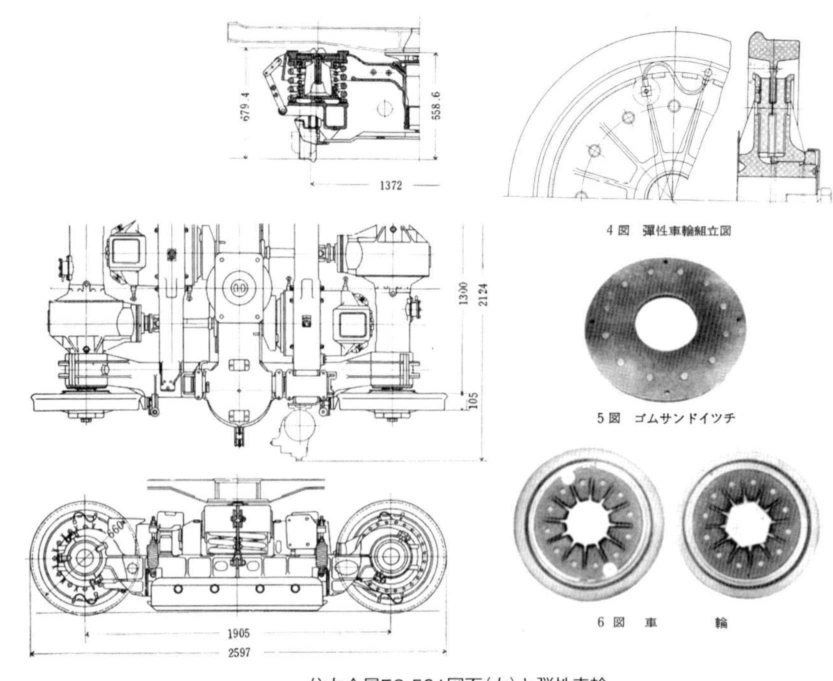

住友金属FS-501図面(左)と弾性車輪。
出典：左)住友金属カタログ　右)東京都交通局カタログ「PCC Car」
所蔵(2点とも)：松田義実

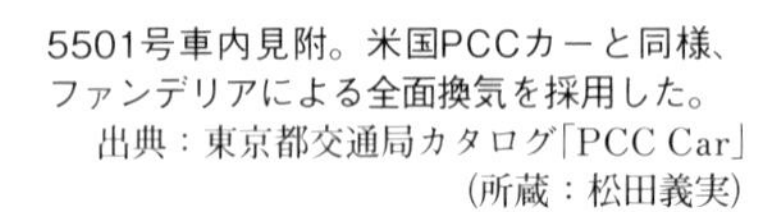
5501号車内見附。米国PCCカーと同様、ファンデリアによる全面換気を採用した。
出典：東京都交通局カタログ「PCC Car」
(所蔵：松田義実)

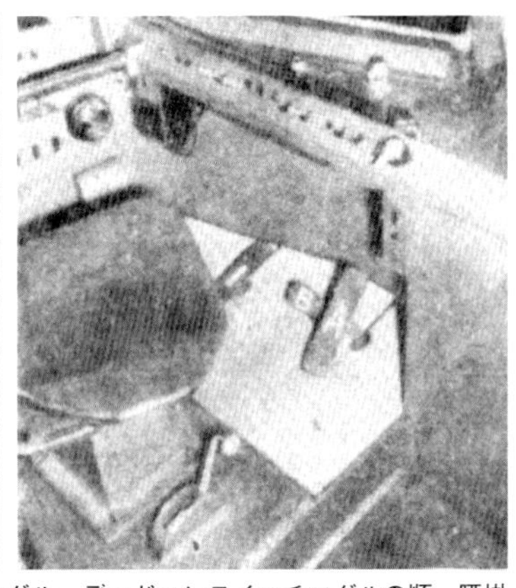
東京都電5500形5501号とその運転台(右)。足元のペダル類は右より電動ペダル、ブレーキペダル、デッドマンスイッチペダルの順。腰掛け横は唯一の直接式スイッチであるレバーサー。
左)1954年秋頃　銀座四丁目　P：鈴木靖人／右)出典：東京都交通局カタログ「PCC Car」(所蔵：松田義実)

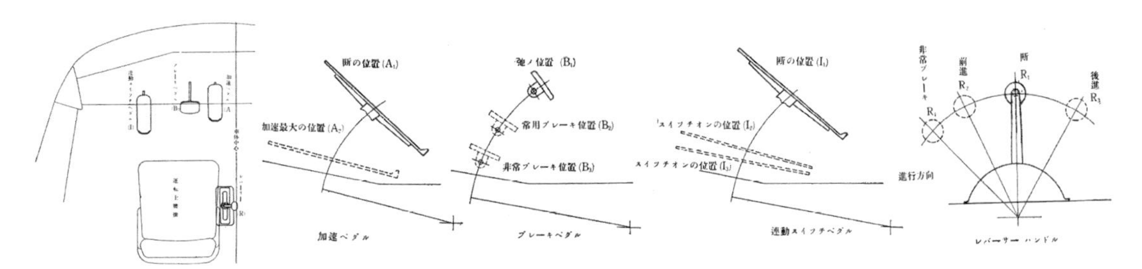

都電5501号運転台図面とフットペダル・レバーサー動作図。動作図は左より加速ペダル(加速最大の位置A2⇔断の位置A1)、ブレーキペダル(非常ブレーキ位置B3⇔常用ブレーキ位置B2⇔弛メ位置B1)、連動スイッチペダル(スイッチオンの位置I3⇔スイッチオンの位置I2⇔断の位置I1)、レバーサーハンドル(非常ブレーキR1⇔前進R2⇔断R1⇔行進R3)。　　出典：東京都交通局カタログ「PCC Car」(所蔵：松田義実)

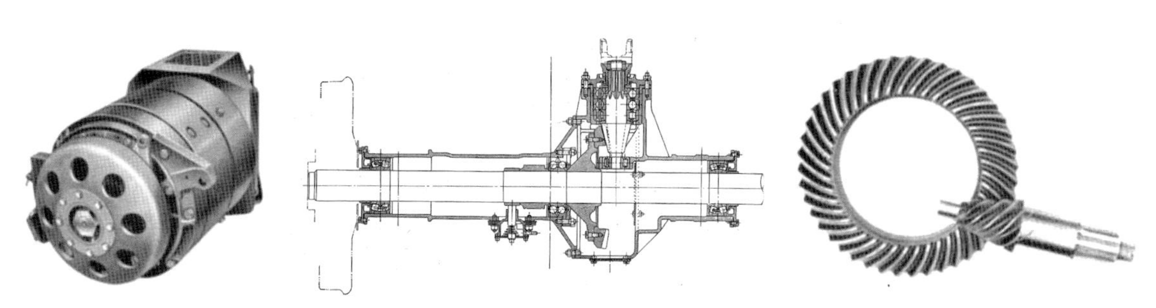

左より三菱電機　MB-1432-A1主電動機(W.H.の「WH-1432」のライセンス生産品、都電5502号、大阪市電3001→3000も同等品を採用)、駆動装置図面(直角カルダン駆動、ハイポイド・ギヤ、アクスルハウジング)、ハイポイド・ギヤ(歯車比43:6=7.17、完全輸入品である)。　出典(いずれも)：東京都交通局カタログ「PCC Car」(所蔵：松田義実)

左は住友金属FS-501のアクスルハウジング、中央は都電5501の床下機器(右に見える機器箱は主幹制御器で運転操作が足踏ペダル式であったため床下に吊り下げられたもの)、右は三菱KF-521主幹制御器で、フットペダルでの操作機器は米国TRC社のライセンス品。
左2点)2019.11.16　荒川車庫「都電おもいで広場」　P：松田義実／右)出典：東京都交通局カタログ「PCC Car」(所蔵：松田義実)

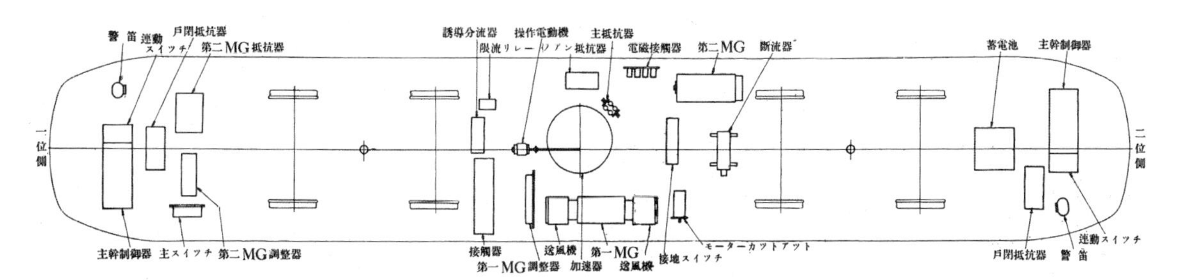

5501号床下機器配置図　　出典：東京都交通局カタログ「PCC Car」(所蔵：松田義実)

都電5501の結果を見てその後のパテント準拠PCCカーの製造は断念したものの、個々の部品についてはTRC社のパテントに基づいた技術が使用される例があった。写真はTRC社パテントのPCCカー用ハイポイド・ギヤを採用した1954(昭和29)年製の名古屋市電1900形(1902～1921号)。
1957.7.15　P：大須賀一之助
(所蔵：宮武浩二)

2.4　日本版PCC「無音電車」開発へ

都電5501号を製造・運用した結果は、日本PCC委員会への加入が必要なこととライセンス料の兼ね合い、そしてその過剰すぎる性能を持て余す結果となり、パテント準拠PCCカーの製造はこの後断念する方向へ向かうが、各コンポーネンツへの関心は消えることなく、例えば名古屋市交通局のように直角カルダン駆動装置用ハイポイド・ギヤの輸入など単発的な動きは見られた。

パテント所有元であるTRC社の1959年６月21日付のパテント使用リストでは東京都交通局１両(5501号)、名古屋市交通局27両(1954/昭和29年製造分の1900形1902～1921号19両分のPCCカー用ハイポイド・ギヤ、800形801～808号のNS-51/NS-52台車８両分)、神戸市交通局２両(1151号：直角カルダン駆動装置用ハイポイド・ギヤ、1152号：住友FS-352台車)、そして阪神電気鉄道１両(ジェットカー試験車1131号、MCMコントローラー)が挙げられている。

PCCカーの国産化への動きと並行して、国内メーカーではTRC社とのPCCカーに関するライセンス契約とは別に、PCCカーと同様、「高加減速」「防音防振」性能を兼ね備えた市街軌道用の高性能車を国産技術により実現させる動きが具体化。折しも1951(昭和26)年に三菱電機がWH、1954(昭和29)年に東芝がGEと技術提携を再開し都市間・都市内高速電車電装品(主電動機・制御装置・制動装置)の技術革新を目指していた。元を辿れば市街電車に特化したPCCカーの電機品と制動システムを長編成・大量輸送へ適応すべく発展させた技術である。

また、日本国内特有の状況として終戦後、GHQより日本の航空機製造が禁止された影響で、航空技術者の鉄道分野への転向、それに伴う航空機製造技術を応用した軽量車体と防音防振台車の開発が本格化していたことも相まって、特に民鉄高速電車用高性能車の開発が進展を見せていた。

これら技術革新が始まった高速電車用技術を基に、国内の各事業者、車輌メーカー、電機機器メーカーはTRC社の特許を回避しつつ軌道用防音防振車輌の研究開発へとシフトする。

神戸市交通局1150形の２両の試作車のうち川崎車輌製の1151号は、TRC社パテントによる直角カルダン駆動装置用ハイポイド・ギヤを使用。
P：川崎車輌公式写真
(所蔵：松田義実)

TRC社ライセンス準拠車の都電5501の製造が滞り、結果的に都電最初の高性能車となった国産技術での製造車5500形5502号。都電１系統の終点、品川駅前で折り返すシーンで、左に京浜急行電鉄の高架とホームが見える。 1959.4.12 P：荻原二郎

3．「無音電車」総覧・1953(昭和28)年
～登場年で綴る公営交通企業体カルダン車の動向～

3.1 「六大都市無音電車規格統一研究会」結成

TRCのパテント準拠車である東京都電5501号の製造のため、TRC社との提携が協議されていた1953(昭和28)年２月、当時の「太平洋ベルト地帯」において路

■1953(昭和28)年製車両の諸元表

事業者	名古屋市交通局	大阪市交通局	東京都交通局
型式	1800形1815号→1900形1901号	3000形 3001号→3000号	5500形 5502号
製造年	1953(昭和28)年9月	1953(昭和28)年10月	1953(昭和28)年11月
製造メーカー	愛知富士産業(←前身は中島飛行機半田製作所)	川崎車輛	ナニワ工機
全長×全幅×全高(mm)	12706×2615.4×3850	12380×2467.2×3879	14300×2440×3861
自重(ton)	14.2t	15.0t	16.5t
車体工法	半鋼製	半鋼製	半鋼製 高抗張力鋼板
定格速度／最大加速度／減速度	22.7km/h 3.5km/h/sec 5.0km/h/sec	34.6km/h 4.1km/h/sec 3.5km/h/sec	35.0km/h 3km/h/sec 2.9km/h/sec
台車	日立製作所KL-4	住友金属 FS-251	住友FS-351
車体支持方式	揺れ枕吊り カム式吊りリンク	揺れ枕吊り	揺れ枕吊り 左右動ダンパー付
枕ばね	コイルばね オイルダンパー併用	コイルばね オイルダンパー併用	コイルばね オイルダンパー併用
軸箱支持方式	軸梁式	ペデスタル式ウィングばね	ペデスタル/軸ばね
軸ばね	コイルばね	コイルばね	コイルばね
車輪	日立製作所製弾性車輪 剪断ゴム	PCC型弾性車輪/剪断ゴム	PCC型弾性車輪/剪断ゴム
制御システム	日立MMD-LB-4→MMC-LB-4	三菱電機 AB-54-6MDB	三菱AB-44-6MDB/力行・制動12段
制御電源	MG/DC100V	MG/DC100V	MG/DC100V
制御機器動作方式	電空単位スイッチ	電磁単位スイッチ	電磁単位スイッチMU-5-112
抵抗短絡方式	電動ドラム式→電動カム軸式	電動ドラム式	電動ドラム式
予備励磁方式	―	強制励磁	強制励磁
主電動機	日立製作所HS-512-Ab	三菱電機MB-1432-A	三菱電機MB-1432-A2/4個
出力／電圧／電流	30kw 300V 115A	41.25kw 300V 156A	41.25kw 300V 156A
回転数／重量／個数	2000rpm 295kg 4個	1615rpm 320kg 4個	1620rpm 320kg 4個
駆動方式	日立直角カルダン スパイラルベベルギヤ/ヘリカルギヤ	住友金属直角カルダン ストレートベベルギヤ	住友金属 W.N.ドライブ
歯車比	2段減速 6.14(43:7)×1.78(41:23)=10.9	81:14=5.79	98:17=5.76
電制/空制同期	―	―	―
発電ブレーキ操作	MC逆回転5ノッチ	MC逆回転3ノッチ	MC逆回転3ノッチ
空気ブレーキ	日立電磁直通弁式直通空気ブレーキ	SM-3	SM-3
ブレーキ弁	MCブレーキノッチ3～5段目/PV-3	三菱電機SA-2-M セルフラップ式	三菱電機PV-3三方弁式
基礎ブレーキ	踏面片押式	踏面片押式	踏面片押式

都電5500形5502号の室内。都電の高性能車はリコ式吊り革を標準装備した。　1954.2.21　三田車庫
P：中村夙雄

面電車を運営していたいわゆる六大都市、東京・横浜・名古屋・京都・大阪・神戸の各交通局によって「六大都市無音電車規格統一研究会」が組織された。

米国PCCカーに倣い路面電車車両の性能改善、新造費低減、保守の省力化をPCCカーパテント準拠での国産化ではなく、技術は欧米由来であるものの、あくまでTRC社のライセンスを回避した純国産での製造・規格化を目標とした。名称を「無音電車」と制定したのもこの規格統一研究会である。

規格を制定する過程で、当時の路面電車用走り装置に参入していたメーカーは三菱電機・東芝・日立製作所・東洋電機製造・日本車輌・住友金属・東急車輌、汽車会社・日本エヤーブレーキなどであり、各社特色ある機器・台車の開発が本格化する。

3.2　名古屋市電1815→1901号

○国内路面電車初のカルダン駆動車

●形式：名古屋市交通局1800形1815号
（→1900形1901号）

●製造：輸送機工業／1953（昭和28）年９月

●電装品／台車：日立製作所

名古屋市電初の間接制御車1800形（バーサスペンション式吊掛駆動車）のラストナンバー1815号を、当時建設が進んでいた名古屋市営地下鉄用車両の技術評価試験のため、直角カルダン駆動の試験車として製造。国内路面電車初のカルダン駆動車となった。

目を引くのは、主電動機の定格回転数の数値が2,000rpmと高いことである。高速回転形とすること

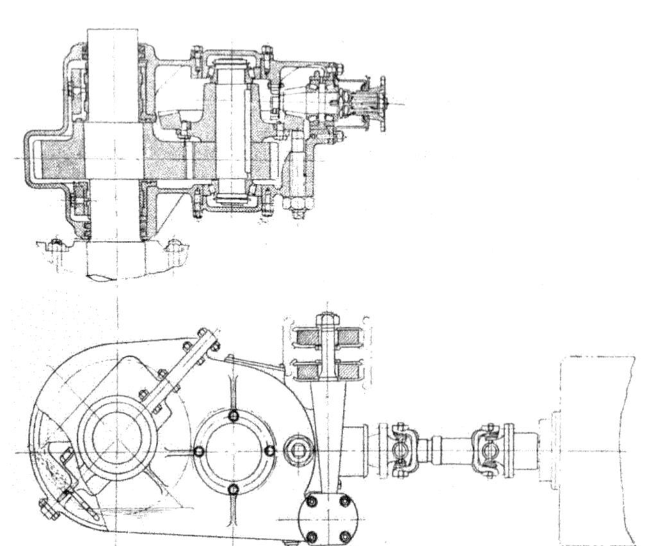

日立製作所製２段減速直角カルダン駆動装置の図面と現物。名古屋市電1815→1901ではスパイラルベベルギヤとヘリカルギヤが使用された。
出典（２枚とも）：日立製作所カタログ　所蔵：松田義実

名古屋市電1800形の最終ナンバー1815号は我が国の路面電車で初のカルダン駆動車として登場、後に1900形1901号に改番された。
1966.7.4　栄町　P：中村凤雄

で、主電動機の軽量化が念頭にあったと推測される。

あおりを受けたのが駆動装置で、減速比を大きく取る必要があるが、1953(昭和28)年時点ではハイポイド・ギヤは国産化しておらず、米国PCCカー用ハイポイド・ギヤはパテントの問題もあり、日産自動車の後輪駆動自動車用傘歯車を流用したスパイラル・ベベルギヤとヘリカルギヤによる2段減速を採用せざるを得なかった。

制御装置は抵抗短絡スイッチに電動ドラム式の日立MMD-LB-4。電制対応となっているが、主電動機界磁への予備励磁やスポッティングなど間接制御特有のデッドタイム対策は特に行っていない。この電動ドラム式スイッチはトラブルが頻発したため1959(昭和34)年に、MMC電動カム軸式に換装されている。

制動装置はSM-3直通空気ブレーキであるが、動作部に日立が開発した「電磁直通弁」を新たに採用、マスコンへ空気ブレーキノッチを組み込むことが可能となったため、通常時はマスコンだけを操作するワンハンドル・コントロールが可能となった。非常時用にPV-3ブレーキ弁も装備していた。

台車は弾性車輪装備の軸梁式日立KL-4、一般的な上下揺れ枕式であるが、揺れ枕釣りリンクに日立特許のカム式吊りリンクを採用し防振性能を高めている。

就役時は1815号を名乗っていたが、機器性能とも1801～1814号とは異なるため1954(昭和29)年7月に1901号へ改番され、1966(昭和41)年にワンマン化改造、弾性車輪もスポーク車輪へ履き替えられた。1971(昭和46)年に廃車されている。

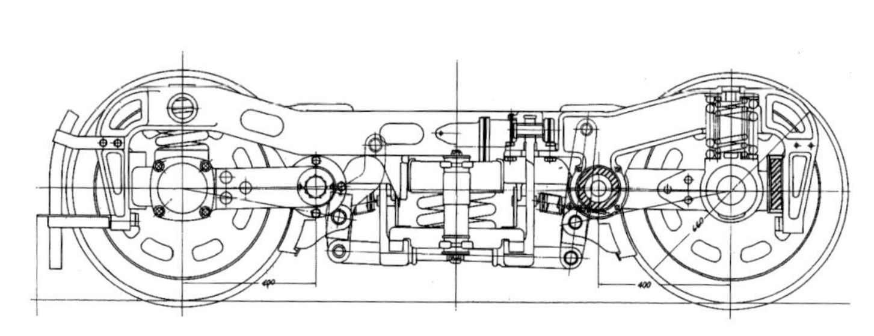
名古屋市電1815号→1901号の日立KL-4台車図面
出典：なごや市電整備史　所蔵：松田義実

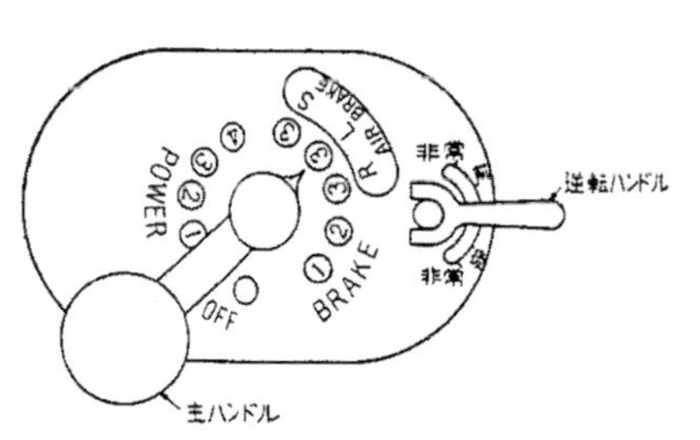

1815→1901号で試用されたワンハンドルコントロールのノッチ配置図。マニュアルラップ式のブレーキノッチ「リリース(弛め)」「ラップ(重なり)」「サービス(込め)」をマスコンに組み込んだものである。
出典：日立製作所カタログ　所蔵：松田義実

大阪市交通局3001→3000号（試作車）川崎車輌公式写真。　P所蔵：松田義実

3.3　大阪市電3000形（3001→3000）

○「無音電車規格統一研究会」仕様第１号車
●形式：大阪市交通局3000形3001（→3000）号
●製造：川崎車輌／1953（昭和28）年10月
●電装品：三菱電機
●台車／駆動装置：住友金属

大阪市電創業50周年の1953（昭和28）年10月に製造、「無音電車規格統一研究会」による統一仕様の第１号車と言われる。

戦前の名車である大阪市電901形を彷彿とさせる半流線型の前中２扉車で、千鳥配置のセミクロスシート車である。これは剪断ゴム入り弾性車輪の負荷軽減のため、乗車定員を制限することによるものである。

台車は住友FS-251で端梁を省略したH形の一体鋳鋼台車枠で、これも戦前の「大阪市電形」台車を彷彿とさせるオールコイルばね台車である。枕ばねにオイルダンパーを併用。使用される車輪は剪断ゴムを使用したPCC型弾性車輪である。

主電動機は三菱製55HPクラスのMB-1432-Aを４個装備。米国WHのPCCカー用主電動機WH-1432のライセンス品であり、東京都電5501号・5502号とほぼ同一品である。

駆動装置は、東京都電5502号のW.N.ドライブに対

大阪市3001→3000号試作車車内。剪断ゴム入り弾性車輪の負荷軽減のため、定員減を狙ってセミクロスシート配置が採用されたが杞憂に終わり、2201形と3001形量産車では一般的なロングシートとなった。写真は高加減速の衝撃試験の模様。
1953年　P：山本四郎（所蔵：宮武浩二）

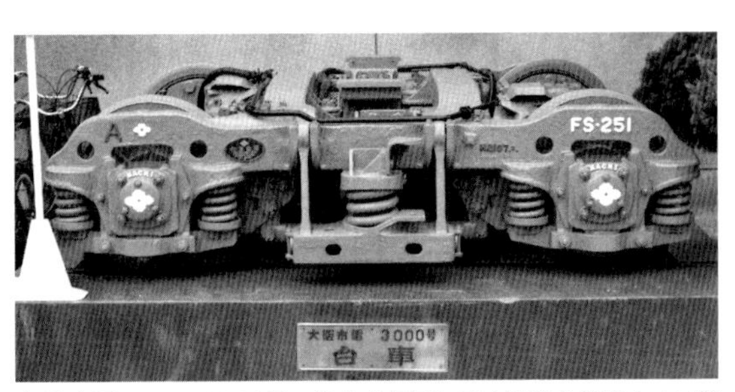

大阪市電3001→3000号　住友金属FS-251端梁を省略したH形の一体鋳鋼台車枠で、戦前の「大阪市電形」台車を彷彿とさせるオールコイルばね台車である。枕ばねにオイルダンパーを併用。使用される車輪は剪断ゴムを使用したPCC型弾性車輪。基礎ブレーキは片押し踏面式。写真は大阪市交通局森之宮車両管理事務所（現・大阪メトロ森之宮検車場）玄関に保存されていた頃。
1995.9.19　P：宮武浩二

大阪市電3001→3000試作車の前面。中央窓を拡大した「新・大阪市電スタイル」を初めて採用したが、過渡期の産物か方向幕と系統番号幕は従来サイズなのが大きな特徴。
1965年　今里車庫　P所蔵：宮武浩二

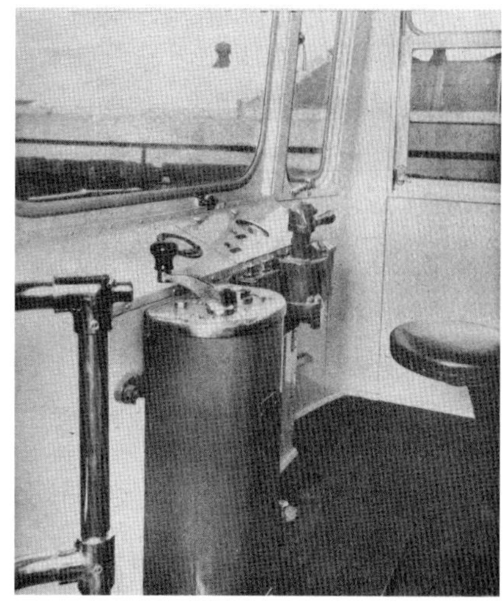

大阪市電3001→3000号試作車の運転台。マスコンは東京都電5502号と同じ三菱電機KL-553、ブレーキ弁はSA-2-Mセルフラップ式。電制はマスコン逆回転操作であり、ブレーキ弁での電空併用操作は翌年製造の吊掛式間接制御「防音電車」2201形で試用されることとなる。新たに装備された乗務員用腰掛けは、当初構想されたフットペダルコントロールの名残りと言われている。
1965年　今里車庫　P所蔵：宮武浩二

してこちらは直角カルダン駆動を採用した。しかし、米国PCCカーやそのライセンス準拠車である東京都電5501号のようにハイポイド・ギヤは国産化できず、「曲がり歯」を用いたスパイラル・ベベルギヤも開発途上であったため、「すぐ歯」を用いたストレート・ベベルギヤを採用したことが大きな特徴である。

制御装置は三菱電機のAB型電動ドラム式間接制御器で、設計当初は米国PCCと同様のフットペダル式を構想していたが、従来車との操作互換性を配慮しマスコン／ブレーキ弁の手動操作となり、電制操作もマスコン逆回転操作となった。制動装置は従来車同様のSM-3直通空気ブレーキであるが、ブレーキ弁にセルフラップ式三菱電機製SA-2Mを採用。基礎ブレーキは、構想段階では主電動機電機子軸ドラムブレーキの採用を予定していたが、監督官庁の「制動装置は最終回転部である車輪への踏面ブレーキが望ましい」と要望があり、従来車同様の踏面片押式ブレーキとなったという。

量産車である3001形の入線と同時に3000形3000号に改番。1965(昭和40) 年12月には休車となり、翌1966年に廃車となった。当初は記念車として保管されていたが、展示スペースの関係で残念ながら解体され、住友FS-251カルダン台車が大阪市交通局森之宮車両工場の入口に展示されていたが、現在は大阪メトロ緑木検車場の保存庫に非公開で保管されている。

左は大阪市電3001→3000号の直角カルダン駆動装置。台車枠を貫通させているカルダン推進軸の様子が分かる。3001→3000号試作車ではストレートベベルギヤを採用、意外にも高回転域では騒音が高かったと伝わる。右は同車の住友金属製弾性車輪の様子で、他社局でも基本的には同等品が採用された。
P所蔵（2枚とも）：松田義実

都電5500形5502号。都電初の高性能車。　1954.2.21　三田車庫　P：荻原二郎

3.4　東京都電5500形（5502）

○東京都電最初の高性能車
●形式：東京都交通局5500形5502号
●製造：ナニワ工機／1953（昭和28）年11月
●電気品：三菱電機　台車：住友金属

都電高性能車の代名詞といえる5500形。とりわけ前述のTRC社ライセンス準拠車5501号が有名である一方で、同じ5500形にはライセンスを回避して国産技術で製造された5502～5507号も存在した。そのうちの1953（昭和28）年10月に入線した同形式最初の落成車が5502号である。

東京都交通局技術研究所がパテント準拠のPCCカーを輸入から国内製造へ方針を変更する間に、都電車両課も防音防振車の研究を進めており研究成果を確認するため6000形ラストナンバー6291号をテスト車に充当、車体を日本車輌東京支店、台車を住友金属、走り装置を三菱電機に発注。しかし電気機器と台車は完成したものの日車での車体製造が遅延。同時進行していたナニワ工機／住友金属／三菱電機の5501号の製造も遅延。東京都の広報で防音防振電車の完成をアナウンスしていたため、急遽ナニワ工機に5501号同等の車体を発注してこれに完成していた電気機器と台車を組み合わせて完成したのが5502号である。

主電動機は、三菱電機MB-1432-A2で米国WHのライセンスで製造された。端子電圧300V 1時間定格

都電5500形5502号。
三田車庫　P：鈴木靖人

5502

都電5502号台車。住友金属FS-351、東京都交通局形式はD-19である。軸距離1,700mmと長大で住金得意の一体鋳鋼型台車枠のオールコイルばね台車で軸箱支持はポピュラーなペデスタル式、枕ばねにオイルダンパーを装備。車輪は弾性車輪、基礎ブレーキは熱での劣化がウィークポイントである弾性車輪にも関わらず一般的な踏面ブレーキを採用しているのは、米TRC社のライセンスを回避するためであろうか。 1954.2.21　三田車庫　P：中村夙雄

都電5502号のW.N.駆動装置と弾性車輪。駆動装置は当時三菱電機と住友金属のコンビで実用化に成功したW.N.ドライブである。当時の路面電車での高性能車といえば直角カルダン式が数量的に最も普及したが、敢えてW.N.としたのは直角カルダン駆動では加工が複雑になる歯車装置の国産化に時間が掛かるのと、後に一般的になるPCCカーと同じハイポイド・ギヤのライセンス回避の意味合いも少なからずあったと考えられる。　P所蔵：松田義実

41.25kw(55HP)を4個搭載、定格回転数1620rpmである。実はアメリカ本国のPCCカー標準規格品で5501号と大阪市電3000号にもほぼ同等品が採用されている。このモーターはあくまでWH社のライセンス品で、TRC社のライセンスには含まれていなかった。

制御装置は三菱電機が市街電車用に開発した電動ドラム式AB型間接制御装置を採用。制御システム名はAB-54-6MDB、円滑な加減速と主回路の簡素化を実現するために主回路繋ぎは永久並列とされた。制御段数は力行、制動とも12段。マスターコントローラーKL-553で電制操作する方式である。発電ブレーキのデッドタイム対策は、架線電源からの主電動機界磁輪線への強制励磁を採用。力行電制時にマスコンを力行及び電制1ノッチに投入すると、その時点での制御ステップで運転できる定ノッチ機構を採用していた。

従来車からの過渡的な部分も見られるのが制動装置で、SM-3直通空気ブレーキにPV-3ブレーキ弁を採用。電空併用の同期機構を採用せずに従来の機構を用いた理由としては、路面電車では閉塞運転の概念が無く、ラッシュ時などは続行運転状態となることから、低速時のブレーキ取扱を考慮したものと推測される。集電装置は都電初となる、菱形パンタグラフを採用。三菱電機製でパンタ下部が窄まっているのが特徴的である。

その後は集電装置をビューゲルに換装、1965(昭和40)年頃には休車となり三田車庫で留置されていたが、1967(昭和42)年12月9日の都電第一次撤去を前に運用に復帰、廃止当日は装飾電車となり銀座通りの都電廃止に花を添えた。

都電5500形5502号運転台と制御システムマスターコントローラー KL553。制動装置は当時の路面電車標準仕様品であるSM-3直通空気ブレーキにPV-3ブレーキ弁を装備。常用となった電気制動は、マスコンのオペレッチングハンドル逆回転操作である。

P所蔵：松田義実

5502号の電動ドラム式AB型間接制御装置。電動ドラム式というのは耳慣れない言葉だが、構造としてはKR-8直接制御器を床下に設置して限流継電器とパイロットモーターで自動加減速操作するものである。米国PCC車に倣い、主回路は永久並列繋ぎとされた。

P所蔵：松田義実

クリスマス商戦最中の銀座尾張町における東京都電6501号。車体は小振りな両端２扉で正面は5500形に合わせたのか湘南スタイル２枚窓である。登場当初は台車間にスカートを取り付け、スマートさを演出していた（後に撤去）。集電装置は5500形とは異なりビューゲルである。
1954.12.16　銀座四丁目　P：鈴木靖人

4. 「無音電車」総覧・1954（昭和29）年

東芝と米国GEとの提携が復活。契約内容に「PCCカーの制御装置・電機品に関する技術」が含まれており、満を持して東芝の電機品を装備した車両が登場することになった。

■1954（昭和29）年製車両の諸元表

事業者	東京都交通局		名古屋市交通局		
型式	6500形 6501号	7000形 7020号	1900形1902～1911号	1900形1912～1921号	1900形1922号
製造年	1954(昭和29)年2月	1954(昭和29)年11月	1954(昭和29)年	1955(昭和30)年	1956年
製造メーカー	日本車輌蕨(東京)支店	東京都交通局芝浦車両工場	日本車輌	日本車輌・輸送機工業	日本車輌
全長×全幅×全高(mm)	12300×2210×3820	12500×2210×3820	12706×2404.6×3850		12730×2615.4×3850
自重(ton)	17.5t	16.577t	16.0t		16.2t
車体構造	全鋼製	全鋼製　高抗張力鋼板	全鋼製		←
定格速度／起動加速度／減速度	40.5 km　3.0 km/h/sec　2.9 km/h/sec	27.8 km/h　3.53 km/h/sec　4.15 km/h/sec	27.8 km/h　3.5 km/h/sec　5.0 km/h/sec	←	←
台車	住友金属 FS-351/局型式 D-19	東芝TT-101→TT-101改	日立製作所　KL-5		日立製作所　KL-9
車体支持方式	揺れまくら吊り 左右動ダンパー	揺れ枕吊り	揺れ枕吊り　カム式吊りリンク		揺れ枕吊り 長リンク外吊り
枕ばね	コイルばね／オイルダンパー	コイルばね	コイルばね　オイルダンパー併用		←
軸箱支持方式	ペデスタル軸ばね	軸箱梁式	軸梁式		不明
軸ばね	コイルばね	円筒ゴム　コイルばね	コイルばね		不明
車輪	PCC型弾性車輪/剪断ゴム	PCC型弾性車輪/剪断ゴム	PCC型弾性車輪　剪断ゴム		←
制御システム	東洋電機製造ACD-430-202A	東芝MPC　PC-201-A	日立製作所　MMC-LB-4		←
主幹制御器	東洋電機製造ES-85B	東芝KC-1	日立製作所　MA BMV-045		←
制御電源	MG/DC100V	MG/DC100V	MG/DC100V		←
制御機器動作方式	電磁単位スイッチ	電空単位スイッチ	電空単位スイッチ		←
抵抗短絡方式	電動ドラム式	電空ドラム式	電動カム軸式		←
予備励磁方式	強制励磁	惰行時ノッチ選択(スポッティング)	—	—	強制励磁
主電動機	三菱 MB1432-B3	東芝 SE-513-C	日立製作所 HS-503-Brb	日立製作所 HS-503-Crb	日立製作所 HS-503-Erb
出力/電圧/電流	30kw　300V　114A	30kw　300V　112A	30kw　300V　115A	←	←
回転数/重量/個数	1850rpm　330kg　4個	1600rpm　306kg　4個	1600rpm　305kg　4個	←	←
駆動方式	住友W.Nドライブ	東芝直角カルダン ハイポイドギヤ	直角カルダン 輸入ハイポイドギヤ	日立直角カルダン ハイポイドギヤ	←
歯車比	98:17=5.76	43:6=7.17	43:6=7.17		←
電制/空制同期	締切電磁弁・射込弁	締切電磁弁・射込弁	—		←
発電ブレーキ操作	セルフラップブレーキ弁3ノッチ	セルフラップブレーキ弁3ノッチ	MC逆回転5ノッチ		←
空気ブレーキ	SLE(連結運転対応)	SM-3D	日立電磁直通弁式直通空気ブレーキ		←
ブレーキ弁	日本エヤーブレーキSLE-1	日本エヤーブレーキSLE-36	MCブレーキノッチ3～5段目/PV-3		←
基礎ブレーキ	踏面ブレーキ片押式	ピニオン軸外締ドラム →踏面片押式	踏面片押式		ピニオン軸外締ドラム式

日車公式写真で見る東京都電6501号。台車は製造経緯から5500形5502号と同じ住友金属FS-351(東京都交通局形式D-19)。ホイールベース1,700mmと大柄なサイズが特徴でその小振りな車体とは少しアンバランスに見える。枕ばねにオイルダンパー併用のオールコイルバネ台車で弾性車輪を採用。左はその室内で、都電では珍しく阪急電車のような木目調の化粧板を採用、5502号に続きリコ式吊り手を採用した。
P：日本車輌東京支店(蕨)公式写真(所蔵：松田義実)

4.1　東京都電6500形(6501)

○紆余曲折のうえ完成した「防音防振車」
●形式：東京都交通局6500形6501号
●製造：日本車輌東京支店(蕨製作所)
1954(昭和29)年2月
●電機品：東洋電機製造／三菱電機
●台車：住友金属

1形式1両の都電6500形だが、製造経緯は前項の5500形5502号で前述した東京都交通局車両課の高性能試験車である。当初製造した台車と機器類は5502号に譲り、遅れて完成した日車製の車体に、台車…住友金属・主電動機…三菱電機・制御装置を東洋電機製造に変更、同等品を再発注してようやく完成した車両課謹製の試験車である。過大な定格速度と牽引力を活かすべくTc車との連結運転を模索したと伝わるが詳細は不明であり、公文書でも確認は出来ていない。

主電動機はWH(ウェスティングハウス)パテント品をアレンジしたMB-1432-A1。出力は30kw(40HP)と小振りだが定格回転数1850rpmと高速なのが特徴。駆動装置はWH&住友金属のW.N.ドライブ。歯車比98:17=5.76とそこまでの高ギヤ比ではないが、その分先の主電動機の高速回転と相まって定格速度が40.5km/hと軌道法の制限速度に抵触する数値となった。

制御装置は5502号の三菱電機製と同等品で東洋電機製造にメーカーを変更。電動カム軸式がアイデンティティーの東洋では珍しい電動ドラム接触器式間接自動ES-201-A。永久並列接続の力行・制動13段である。5502号との違いは、電制操作を電空併用ブレーキ弁での単一操作としていることである。間接自動制御デッドタイム対策は、主電動機界磁を強制励磁する方式。後述のブレーキ弁電制1ノッチで予備励磁をかける操作である。

制動装置は日本エヤーブレーキ製のSLEである。ブレーキ弁1本で電空併用を可能とするセルフラップ式ブレーキ弁SLE-1が特徴。ブレーキ帯は電制1→電制2→空制小→空制大→空制最大兼ハンドル外しとなっていた。基礎ブレーキ装置は5502号と同仕様の踏面片押しブレーキである。弾性車輪であるが極低速の停止用として割り切ったと思われる。

高性能試作車ということで三田車庫配属となり1系統(品川駅前～上野駅前)で運用、稀に三田～白山曙町2系統と三田～千駄木二丁目37系統に入ることもあった。昭和42年の都電第一次撤去時には、5500型5両と7020号を運用に投入し花道を飾ったが、6501号は検査期限切れのまま運用には就かず廃車となった。

晩年期の東京都電6501号は台車間のスカートが撤去されていた。
1965.1.1　須田町　P：荻原二郎

Column2　都電6500形の兄弟？

日光駅前を起点に馬返までを結んでいた東武鉄道日光軌道線の連接車、200形203号。　1967.11.24　神橋　P：荻原二郎

1形式1両の存在であった都電6500形であるが、1967(昭和42)年12月9日の都電第一次撤去に伴う三田車庫の廃止に伴い同年12月16日に廃車。高性能車だけに他線転出や他社譲渡も模索されたというが実現せず解体されたため現車は存在しないが、東武鉄道日光軌道線200形連接車が、都電6500形主要機器と同等品の東洋電機ES-202-A電動ドラム式永久並列繋ぎの間接自動制御器と日本エヤーブレーキ製の電空併用セルフラップ式ブレーキ弁を採用。現車は東武博物館に保存されており、都電6500形と同タイプの主幹制御器と電空併用ブレーキ弁に触れることができる。

4.2　名古屋市電1900形（1902～1921）

○静粛性を高めた「無音電車」
●形式：名古屋交通局1900形1902～1921号
●製造：日本車輌／輸送機工業
1954(昭和29)年12月～1955(昭和30)年12月
●電機品／台車：日立製作所

直角カルダン駆動の量産車であり、車体は1400形からの名古屋市電スタイルを踏襲しているが、台車部分までスカートで覆ったデザインは「無音電車」への意気込みを感じる。1815号→1901号からの変更点は、直角カルダン駆動の2段減速機構はトラブルが頻発したため、米国PCCカー仕様ハイポイド・ギヤ(ギヤ比43:6=7.17)を採用することになり、1954年製造分は日立製作所を介して米国製ハイポイド・ギヤを輸入している。1955(昭和30)年製造分より日立でのハイポイド・ギヤの生産体制が整ったため国産品へ移行した。

制御装置は1815→1901号の電動ドラム式MMD-LB-4が接点の荒損・溶着などの課題があったため、電動カム軸式MMC-LB-4に変更されている。日立独特の電磁直通弁を使用したワンハンドル・コントロールはそのまま引き継がれ、その後の名古屋市電間接制御車の標準装備となった。台車は1815号の日立KL-4を改良したKL-5、「無音電車規格統一研究会」推奨使用のスペーサーボルト入り弾性車輪を装備。

1800形と1815→1901号で実績を積み、満を持してのデビューとなったためその完成度は高く、特に静粛性は大いに賞賛されたという。また、当時建設が進んでいた名古屋市営地下鉄用車両の技術的ベースにもさ

入線直後の名古屋市電1900形1918号。直角カルダン駆動の量産車。当初はビューゲル集電であった。
1956.3　P：佐藤進一

Zパンタに換装された名古屋市電1908号。床下抵抗器の発熱対策として1962年以降ストライカー上部にスリットを追加、抵抗器も床下中央部よりオーバーハング部である運転台床下に移設された。
1966.7.4　栄町　P：中村夙雄

れている。

1962(昭和37)年以降、床下中央に搭載された抵抗器の温度上昇抑制のため、抵抗器の一部を運転台床下へ抵抗器を移設、前面排障器の上部に冷却用スリットを設置する改造が行われている。1966(昭和41)年よりワンマン化改造を施行、翌1967年より弾性車輪を通常のスポーク車輪へ換装が行われた。これは後継車の2000形は実施されておらず詳細は不明であるが、この時期より名古屋市電の縮小が始まり、名古屋市交通局では市電全廃までの期間はコストダウンのため、機器型式統一を事業計画で策定しており、カルダン車では前後扉が従来車と同じ２枚引き戸である1900形が選定されたと考えられる。

1972(昭和47)年に後継の2000形が全車廃車されて以降も1900形は６両が残存し、1974(昭和49)年２月の沢上車庫廃止に伴い全車廃車となった。

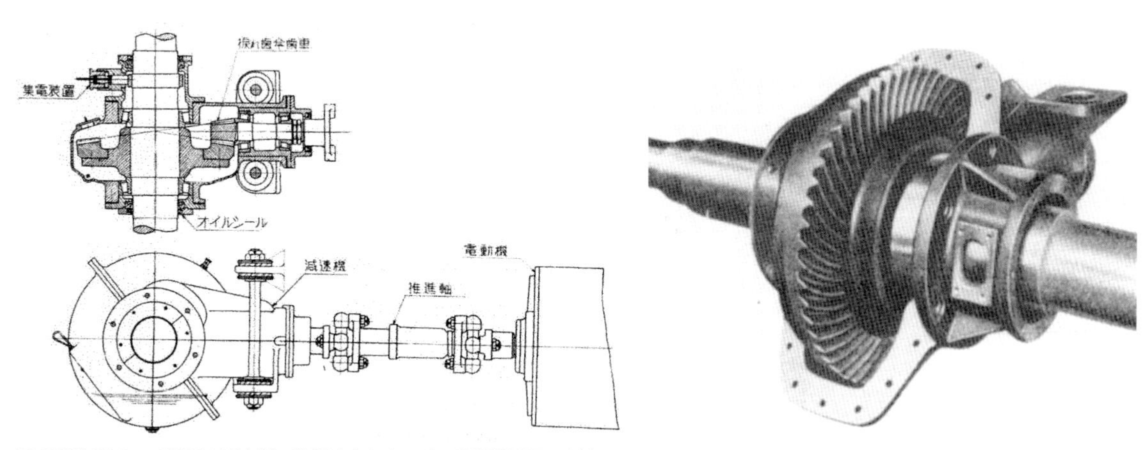

1900形1902～で使用の日立製１段減速直角カルダン駆動装置図面(左)と１段減速ハイポイド・ギヤ。
出典(２点とも)：日立製作所カタログ(所蔵：松田義実)

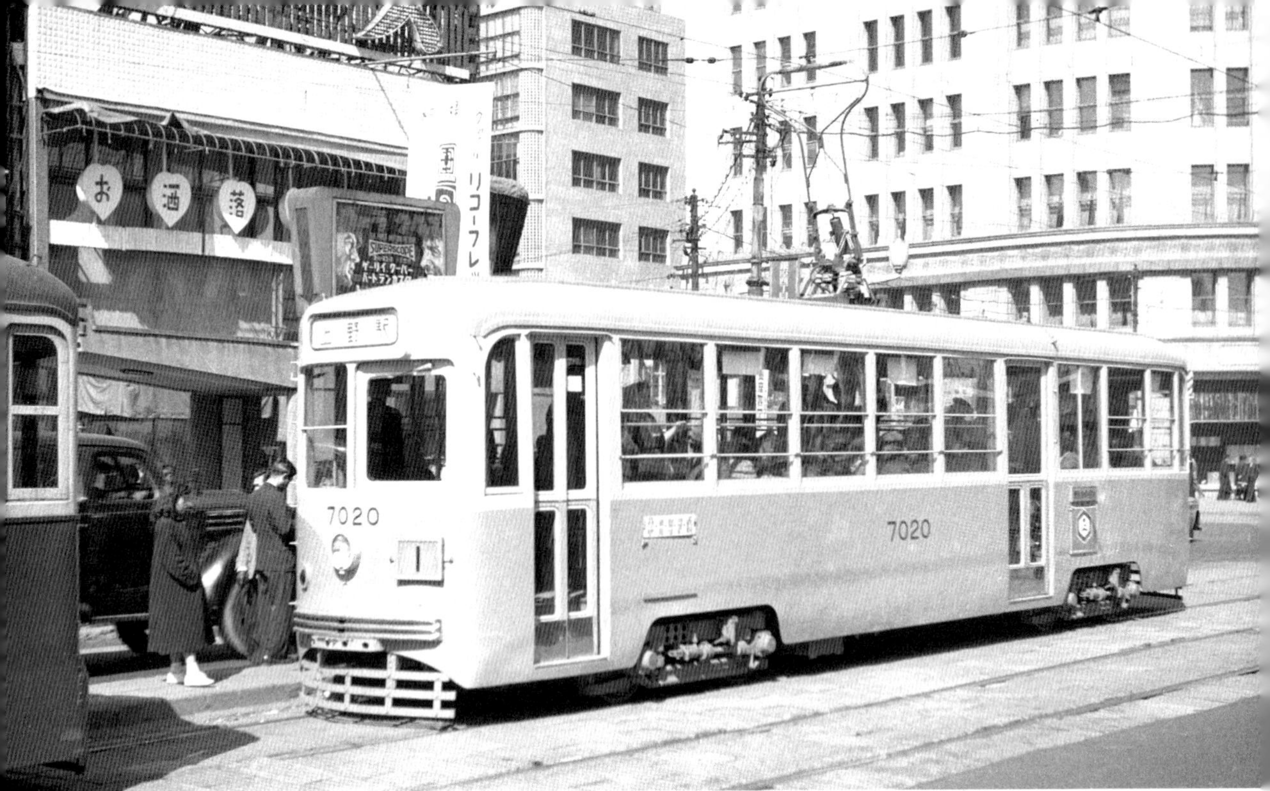

都電1系統上野駅行に充当された、入線直後の都電7000形7020号。　1955.1.15　銀座四丁目　P：鈴木靖人

5．「無音電車」総覧・1955(昭和30)年

5.1　東京都電7000形（7020）

○「特殊車」と称された東芝カルダン試験車

■1955(昭和30)年製車両の諸元表

事業者	神戸市交通局						東京都交通局		
型式	1150形　1151号			1150 形　1152号			5500形　5503～5507号		
製造年	1955(昭和30)年			1955(昭和30)年			1956(昭和31)年		
製造メーカー	川崎車輛			ナニワ工機			ナニワ工機		
全長×全幅×全高(mm)	12700×2438×3555			12700×2438×3555			14360×2436×3861		
自重(ton)	16t			16t			17.5t		
車体工法	全鋼製			全鋼製			全鋼製　高抗張力鋼板		
定格速度／最大加速度／減速度	27.8km/h	3.83km/h/sec	4.46km/h/sec	27.8km/h	4.8km/h/sec	3.9km/h/sec	26.8km/h	不明	不明
台車	東芝TT-102			住友金属　FS-352			住友金属　FS-353		
車体支持方式	揺れ枕吊り			インダイレクトマウント			揺れ枕吊り		
枕ばね	コイルばね			コイルばね　PCC釣鐘型防振ゴム併用			コイルばね/釣鐘型防振ゴム		
軸箱支持方式	振り梁式ウィングばね(軸箱梁式近似)			軸箱梁式			ペデスタル軸ばね		
軸ばね	ゴム円筒　コイルばね			PCC型ゴムブッシュ			コイルばね		
車輪	PCC形弾性車輪　剪断ゴム			PCC型弾性車輪　剪断ゴム			PCC形弾性車輪/剪断ゴム		
制御システム ステップ数	東芝MPC PC-201-A 力行11段・電制16段			三菱電機AB-44-6MDB 永久並列/力行・電制14段			三菱電機　AB-44-6MDB 力行20段　電制19段		
マスターコントローラー	東芝　KC-31? 力行4ノッチ			三菱電機　KL-555A 力行4ノッチ			三菱電機　KL-558A 力行3ノッチ電制3ノッチ		
制御電源	MG/DC100V			MG/DC100V			MG/DC100V		
制御機器動作方式	電空単位スイッチ式			電磁単位スイッチ式			電磁単位スイッチ式		
抵抗短絡方式	電磁空気ドラム式			電動ドラム式			電動カム軸式		
予備励磁方式	スポッティング16段			強制励磁			他励スポッティング19段		
主電動機	東芝SE-517			三菱電機　MB-3015			三菱電機MB-3017-B		
出力／電圧／電流	30kw	300V	112A	30kw	300V	116A	30kw	300V	116A
回転数／重量／個数	1600rpm	306kg	4個	1600rpm	305kg	4個	1600rpm	330kg	4個
駆動方式	東芝直角カルダン　ハイポイドギヤ			住友金属　W.N.ドライブ			住友金属　W.N.ドライブ		
歯車比	43:6=7.17			113:15=7.53			113:15=7.53		
電制/空制同期	DD-1制御装置(締切電磁弁・射込弁)			締切電磁弁・射込弁			ー		
発電ブレーキ操作	セルフラップブレーキ弁3ノッチ			セルフラップブレーキ弁3ノッチ			MC逆回転3ノッチ		
空気ブレーキ	SM-3D			SM-3D			SM-3		
ブレーキ弁	日本エヤーブレーキ SLE-36			三菱電機SA-2-D			三菱電機　PV-3三方弁式		
基礎ブレーキ	主電動機電機子軸外締ドラム			主電動機電機子軸外締ドラム			踏面ブレーキ片押式		

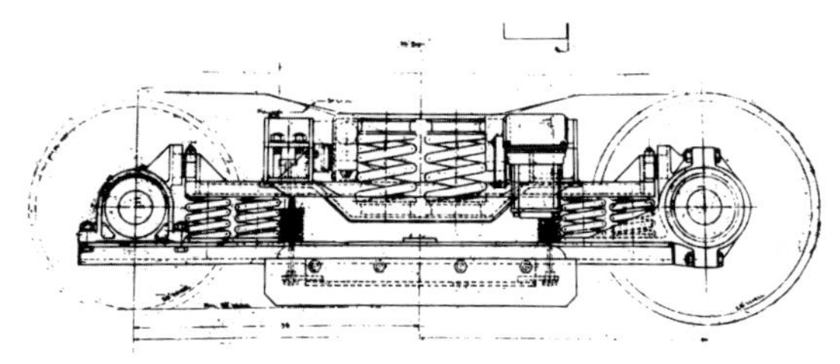
米国クラーク社B-2D台車図面　所蔵：松田義実

東京都電7020号の台車　東芝TT-101。推進軸を使用した直角カルダン駆動方式であるが、軸距離を1,500mmに抑えている。
P所蔵：松田義実

踏面ブレーキへ改造後は台車枠も変化。形式はTT-101改。
1967.12.9　三田車庫
P：荻原俊夫

●形式：東京都交通局7000形7020号
●製造：東京都交通局芝浦車両工場／1954(昭和29)年11月
●電機品／台車：東芝

当時の運輸省科学技術研究補助金の交付を受け、東京都交通局芝浦車両工場(通称：局工場)で製造された。旧7000形初期車と車体は同一であるが、高抗張力鋼板を使用して軽量化を図ったものの、艤装部品点数の多さから16.577tと7000形の中では最も重量級。

主要機器は東芝製で、台車は東芝TT-101。5501号の住友FS-501=PCCカー用B-3台車のような一自由度系ダイレクトマウント台車ではなく、同じPCCカー用でも上下揺れ枕吊り式であるB-2台車に前後軸箱を捻り梁で繋ぎ、蛇行動防止を図った「B-2D」を参考に設計されたと推測される、ペデスタルレスの軸箱を捩り梁で繋いだ軸箱梁式台車である。相当に異形の台車であるが、摺動部に防振ゴムを多用、PCC型弾性車輪を装備。そして最大の特徴が、推進軸を使用するために他社メーカーでは軸距離が1,650mm以上と長くなる直角カルダン駆動装置を装備しているにも関わらず、台車軸距離が1,500mmとコンパクトに纏められたことである。

基礎ブレーキ装置は駆動装置ピニオンギヤ軸への外締め式ドラムブレーキであったが、これはのち1960(昭和35)年に踏面片押ブレーキへ改造されている。尚、この改造時に台車枠の外観が少し変化し、型式も「TT-101改」となっている。

主電動機は「無音電車規格統一研究会」推奨仕様の東芝SE-513-C(300V/30kw/1600rpm)を4基搭載。PCCカー由来のギヤ比43:6=7.17のハイポイド・ギヤによる直角カルダン駆動装置を採用。主制御器は東芝製電空ドラム式PC-200A。GEのスポッティング付き整流子型PCCコントロールを、直接制御器と同じドラム式抵抗短絡スイッチに変更、芝浦／東芝の既存技術である電磁空気作動にアレンジしたもの。制動装置は、ブレーキ弁ハンドルによる電空併用でSM-3-D。セルフラップブレーキ弁に電気接点を設けた日本エヤーブレーキSLE-36ブレーキ弁を使用したものである。

他の高性能試作車と同じく局工場に近い三田車庫へ配属、1954(昭和29)年12月29日に営業開始したが、初期故障が多発し、「車両設計変更認可」を1955年3月に申請している。主に品川駅～上野駅の1系統をメインに運用され、その防音防振性能も良好であったと言われているが、何分にもワンオフ・デモカー、故障も多く三田で眠っている事が多かった。1960(昭和35)年の基礎ブレーキ装置改造後は稼働率も上がったと言われている。1967(昭和42)年12月の都電第一次撤去時に37系統(三田～千駄木二丁目)の装飾電車を務めたことを花道に引退。

7020号に関しては、入線後に所属の三田車庫で乗務員への教習に使用された「運転大意」が残されているので、次頁以降でご紹介したい。

Column3　7020号電車運転大意(要旨)　昭和30年1月22日

都電7020号の運転台。電空カム軸式PC／RPC系で採用例が多いKC-1タイプの古色蒼然としたマスコンであるが、電空併用セルフラップ式ブレーキ弁が特徴的。
P所蔵：松田義実

●**まえがき**

本車両は昭和28年度に於ける特別車(5501, 5502, 6501, 7020)の中の一両であり、間接自動制御電空併用式で台車はゴム入車輪駆動方式であり、前3両とは又異なった車両である。

●**車両の概要**

(1)本車の制御電源は、直流100V(電動発電機による)で操作し、圧縮空気で総ての機器が操作されます。

(2)主幹制御器のノッチは、3ノッチで1ノッチは全抵抗運転であるため長時間の運転をしてはいけない。2、3ノッチは中高加速ノッチで主幹制御器のノッチステップは力行、ブレーキ共18ステップです。この制御器はデッドマン装置をほどこしてあるから主ハンドルから手を離すと自動的にノッチはオフされます。

(3)ブレーキは電気ブレーキを常用します(非常良く掛かる)。そして停車間際にエヤーブレーキを使用致します。以上は運転手弁のみの単一操作で行います。

●**各機器の操作説明**

(1)主幹制御器(マスターコントローラー)

この制御器は非常制動を設備したデッドマン装置付の小型のもので、操作電源は電動発電機より交流100Vを使用。セレンノッチは全抵抗運転であるから、車庫作業、トラバーサーへの運転、運転他車との連結等にのみ使用し、通常営業運転にあまり使用してはいけない。普通運転では3ノッチまで一度に入れて運転すること。

(2)運転手弁(マンスバルブ)

この運転手弁は電気ブレーキの接点を設備した、自動調圧式(セルフラップ式)のものでハンドルの角度により自動的に一定空気圧力を保持する様設計されたものでハンドルをある角度に静止させた場合いくら長時間置いても、一定圧力しか空気がブレーキシリンダーに入らない様になっている。又排気の場合も同様である。但し本車面においては第4位にハンドルを置いた場合は直ちに元空気溜めの圧力まで入ることが出来る。

又、本車のものはハンドル第1位において0.5気圧、第2位において1.4気圧、第3位では2.7気圧とブレーキシリンダーに空気が圧入される。ただし普通運転においては電空切替弁(床下にある)の動作により、電気ブレーキが制動力を持続している間(8km/h以上)はブレーキシリンダーに空気が入らずエヤーゲージ：6.5気圧でストップしているから此の点注意を要します。電気回路に故障が発生すれば電空切替弁の動作により自動的に空気と切り替えられるので、すこしの遅れもなく空気ブレーキだけで停車する事が出来ます。この切替作用は何等のショックもなく行われる。

(3)エヤーゲージ(二針用)

このゲージは在来車のものと同一であるが、第2項で説明した様に電空切替弁が動作(電気ブレーキがかかっている間)している間は、0.5気圧しか指針しない。

(4)空気溜(レザーバータンク)

本車はタンクが3ヶ設備されています。内2ヶは元タンクで第1位及第2位側客室座席下にあり、他の1個は床下に取り付けられその名称を「制御タンク」と言います。このタンクは元タンクの空気圧4.6kg/cm²を減圧弁により3.5kg/cm²に減圧して、電気機器の動作に使用します。それ故元タンクの空気が無くなっても制御タンクの空気は逆流しませんのでしばらくは運転ができるわけですが、その取扱については指導者の指示に従ってください。

（5）主制御器

この機器は直接力行及制動の加速減速及スポッティングを行い床下に設置される。

（6）制御転換器

これは、力行及制動の切替を行うものです。床下設置。

（7）逆転器及開放器

これは同一ケース内にあり、逆転器は前進後進切替を行い、開放器は故障の主電動機の切替に使用致します。なお電動機の切替を行う時は第2位運転台配電盤にある切替用ハンドル（青塗）を使用して第2側中央出入口の踏段蹴込板にある穴に差し込んで行います。

（8）電空切替弁

電気ブレーキと空気ブレーキとが同時に作用することをさけるため（制動力があまり大きくすると車輪がスキッドする）電気回路と空気回路を切り替えするもので、電気ブレーキが掛かっている間は空気ブレーキが掛からない。但し電気ブレーキが効かなくなる速度に車両が減速すると、自動的に空気ブレーキが掛かってくる。なお電気ブレーキと空気ブレーキの切替に際しても何等ショックを感じない。

（9）補助抵抗器

各電気機器に適当な電流価をあたえるための抵抗器が納まっている。

（10）界磁接触器

スポッチング時及び電気ブレーキ時における制動効果を司るものである。

（11）継電器箱

この継電器は主制御器の動作を司るものである。

（12）圧力開閉器

これは電空切替弁と関連され車両進行中マンスバルブを空気非常に入れ前方に危険がなくなってマンスバルブをまた元に戻す時、再び電気ブレーキがかかることを防止しているものである。

（13）断流器

この断流器箱にはL接触器とB接触器が同納されている。Lはラインブレーカーでオーバーロードリレーと共に主回路を遮断するもので、Bは惰行より再力行にうつる時に電気ブレーキが掛かることを防止しているものである。

（14）界磁抵抗器

電気制動時にブレーキのかかり具合を調節するもので、2段に切り替えて（実は3段）作用している。なおこのフィールドシャントは制動時だけで力行には全界磁で作用している。

（15）整流器

これは制御電源用のもので、MGの交流を直流に変換している。

（16）電動発電機及び電圧調整器

MGは交流三相100V120Aで蛍光灯用及び制御電源用電圧調整器は電車線電圧の変化にかかわらず、二次電圧を一定に保つためのものである。

7020号は、1967（昭和42）年12月9日の都電第一次撤去の際、特別整備が施されて運用復帰。37系統の最終電車を務め有終の美を飾った。背後に5503の姿が見える。
1967.12.9　三田車庫　P：荻原俊夫

神戸市交通局1150形の２両の試作車のうち、川崎車輌製の1151号。駆動装置は東芝製のハイポイド・ギヤを使用した直角カルダン駆動車である。写真は新造当初の姿。
1955年　板宿　P：小西滋男

5.2　神戸市交通局

戦前より車両性能向上に関心が高く、住友金属の協力で1937(昭和12)年の700形、1952(昭和27)年の750形に弾性車輪を試用した実績を持つ。1954(昭和29)年に「高加減速無音電車」の触れ込みで、２種類の試作車を発注した。

5.2.1　神戸市電1150形1151号

○東京都電7020号の兄弟車
●形式：神戸市交通局1150形1151号
●製造：川崎車輌／1955(昭和30)年1月
●電装品／台車：東芝・日本エヤーブレーキ

台車は電装品と同様、東芝のTT-102であり、兄弟車である東京都電7020号のTT-101とよく似たプロポーションを持つ。米国PCCカーのB-2D台車を参考に設計されており、揺れ枕はポピュラーな上下揺れ枕式であるが、ペデスタルなどの摺動部を廃し、ウィングばね式で構成された前後の軸箱支持装置を振り梁で結合した軸箱梁式に近似した構造を持つ。

主要機器は、東芝製でギヤ比43:6のハイポイド・ギヤを使用した直角カルダン駆動車である。制御システ

1150形1151号の東芝TT-102台車兄弟車と言える東京都電7020号のTT-101とよく似たプロポーションを持つがこちらは軸距離1,650mm。米国PCCカーのB-2台車を参考に設計されており、揺れ枕はスイングボルスター式で、ペデスタルなどの摺動部を廃し、ウィングばね式で構成された前後の軸箱支持装置を振り梁で結合した軸箱梁式に近似した構造を持つ。　P所蔵：松田義実

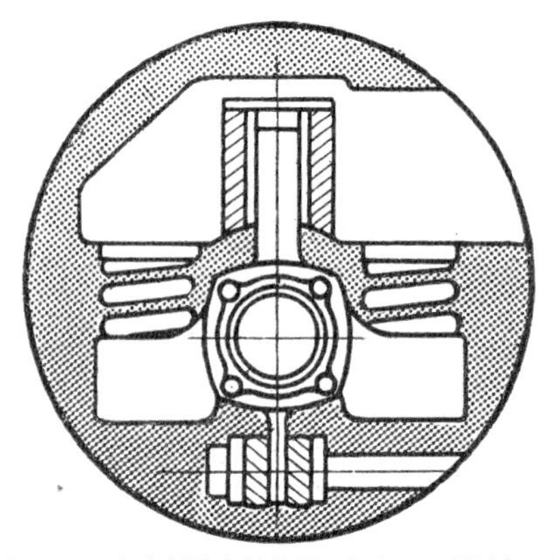

東芝TT-102台車軸箱支持装置の概念図。斜線部が防振ゴムを示す。　P所蔵：松田義実

搬入直後の1150形1151号。　P：亀井一男(所蔵：宮武浩二)

ムは電空ドラム式の東芝MPC型PC201Aで発電制動、惰行時ノッチ選択(スポッティング)を装備。このドラム式抵抗短絡スイッチは、1958(昭和33)年にカム軸式へ換装したことが「車両設計変更認可申請」で確認できており、不具合が頻発したと推測される。

制動装置は直通空気ブレーキSM-3-D、ブレーキ弁は日本エヤーブレーキSLE-36、電制用電気接点を内蔵したセルフラップブレーキ弁での電空併用単一操作である。因みに都電7020号と吊掛駆動方式であるが大阪市電2201形は、同じシステムであり兄弟車の関係である。基礎ブレーキ装置は直角カルダン駆動装置ピニオンギヤ軸への外締式ドラムブレーキである。

1151号はこの主制御器PC-201Aの故障に相当手を焼いたと「RM LIBRARY全盛期の神戸市電(下)」に記述があり、抵抗短絡スイッチ(ドラム式→カム軸式)が電磁弁による空気圧作動のために、ドレンが溜まってノッチオフしても進段が戻らず停車できない、車庫でビューゲルを上げるとドラム軸が進段したままで勝手に起動してトラバーサーピットに転落してしまった…etc。

導入初期のトラブルというには余りにも使い勝手が悪かったのか、1964(昭和39)年には神戸市電500型の台車である汽車会社Lを利用し直接制御・吊掛駆動に換装。その後ワンマン改造を受け、1971(昭和46)年の神戸市電全廃後は広島電鉄に譲渡、冷房化され活躍を続けていたが、1999(平成11)年に廃車され現存しない。

■車輌竣工図表 神戸市交通局1150形1151号　所蔵：宮武浩二

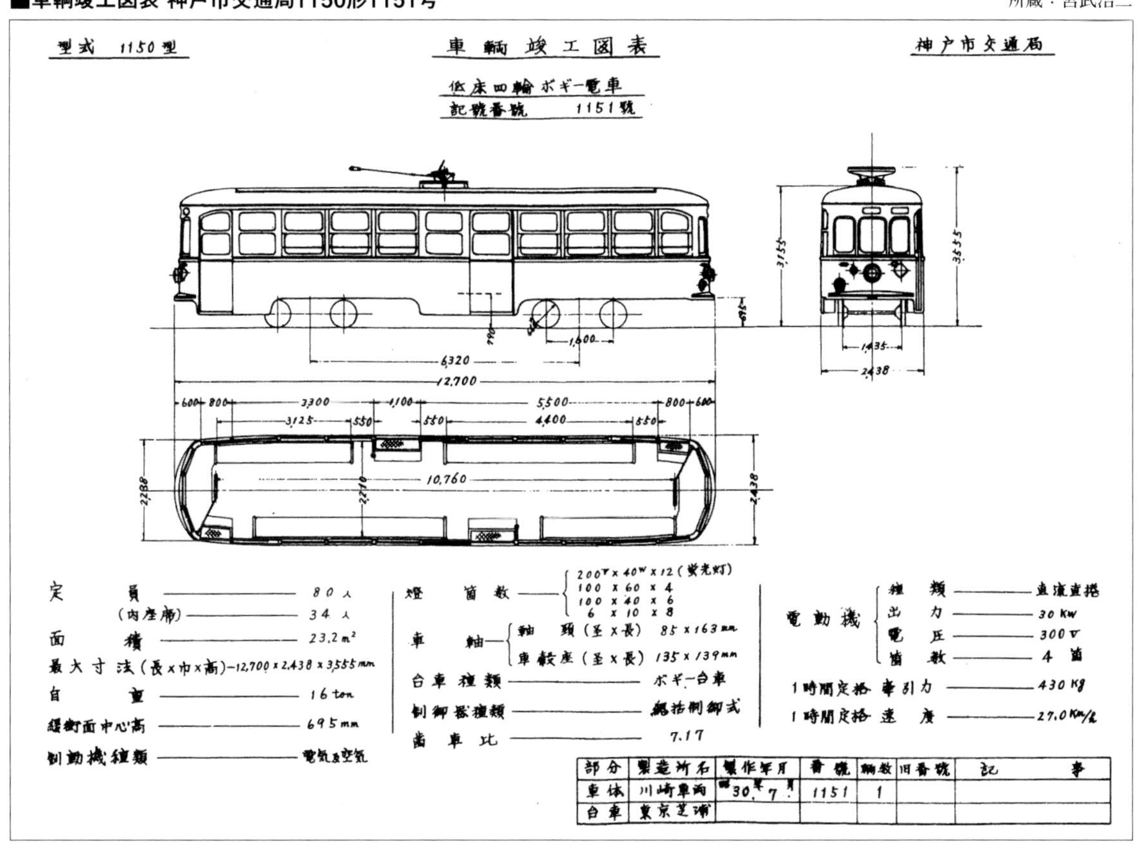
型式 1150型　車輛竣工図表　神戸市交通局

低床四輪ボギー電車
記號番號 1151號

定員 ―― 80人
(内座席) ―― 34人
面積 ―― 23.2m²
最大寸法(長×巾×高)―12,700×2,438×3,555mm
自重 ―― 16ton
緩衝面中心高 ―― 695mm
制動機種類 ―― 電氣及空氣

燈箇数 ―― 200V×40W×12(螢光灯)／100×60×4／100×40×6／6×10×8
車軸 ―― 軸頸(径×長) 85×163mm／車輪座(径×長) 135×139mm
台車種類 ―― ボギー台車
制御器種類 ―― 総括制御式
歯車比 ―― 7.17

電動機 ―― 種類 直流直捲／出力 30KW／電圧 300V／個数 4個
1時間定格 牽引力 ―― 430Kg
1時間定格 速度 ―― 27.0Km/h

部分	製造所名	製作年月	番號	輛数	旧番號	記事
車体	川崎車両	昭30年7月	1151	1		
台車	東京芝浦					

1150形の２両の試作車のうち、ナニワ工機製の1152号。軸距離1,300mmと小ぶりな台車、住友金属FS352が印象的である。写真は新造当初の姿。
1955年　板宿　P：小西滋男

5．2．2　神戸市電1150形1152号

◯三菱／住友コンビの「技術のデパート」
●形式：神戸市交通局1150形1152号
●製造：ナニワ工機／1955（昭和30）年１月
●電装品：三菱電機
●台車／駆動装置：住友金属

こちらは車体がナニワ工機、台車は住友金属、電装機器は三菱電機と東京都電5500形と同じ組み合わせである。車体は前面窓と側窓の隅部、バンパー形状などが1151号と異なる。

台車はアメリカPCCカーのB-3台車を参考にした住友のFS-352で、ノンスイングハンガー式インダイレクトマウント、PCC型防振ゴム内蔵コイルばね式枕ばね装置とゴムブッシュを巻いただけの軸箱周りが特徴的である。

神戸市交通局1152号の履く住友FS-352台車。　所蔵：松田義実

駆動装置は住友金属のW.N.ドライブである。そして基礎ブレーキ装置に、主電動機一体型電機子軸外締めドラムブレーキをW.N.ドライブでも採用した。神戸市電は標準軌（1,435mm）のためバックゲージに余裕があることから可能となった。駆動装置と基礎ブレーキ装置をコンパクトに纏めたため、直角カルダン駆動の台車に比較して軸距離を1,300mmと短くすることが可能となった。さらに構造部材としての横梁がない極限の軽量設計のため、モーターを可動部の枕梁に装架するボルスターモーター台車となっているのが大きな特徴である。

制御装置は三菱製でシステムはAB-44-6MDB、機器構成は主制御器型式がMU-5-113A、抵抗短絡スイッチがXC12-512B、主幹制御器（マスコン）がKL-555A、単位接触器電磁操作式電動ドラム型抵抗短絡スイッチの三菱AB形間接制御器である。間接制御器のデッドタイム対策は主電動機界磁輪線への架線電源からの強制励磁を採用。電動ドラム式スイッチはのちに電動カム軸式に換装された旨の記述が三菱電機の技報にあるものの、「車両設計変更認可」などの公文書

では確認できなかった。

制動装置は三菱電機の直通空気ブレーキSM-3-Dで、ブレーキ弁はポペット弁を使用したセルフラップ式SA-2Dであり、発電ブレーキ用電気接点を追加した電空併用セルフラップブレーキ弁である。

以上のように1151号以上に“攻めた”仕様の1152号であるが、東芝のシステムを採用した1151号との比較調査・試験の結果、量産車は東芝のシステムが採用されることとなり、1152号は１両のみの異端車となり稼働率は極端に低下したと言われている。

1964(昭和39)年に、1151号と同様に神戸市電500型の台車である汽車会社Lを利用し直接制御・吊掛駆動に改造され、1971(昭和46)年の神戸市電全廃後に広島電鉄へ譲渡、冷房改造を受け活躍を続けたが、1998(平成10)年に廃車となり現存しない。

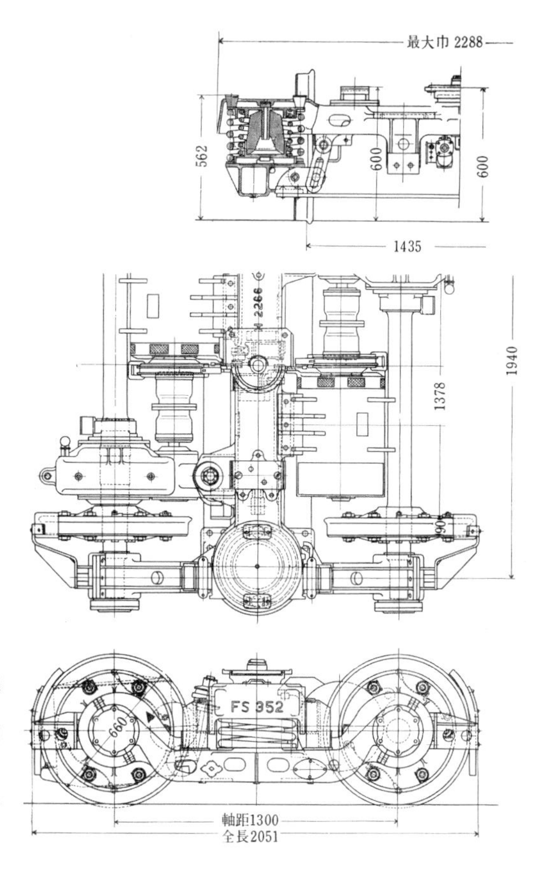

住友金属 FS-352台車図面。都電5501号のFS-501台車同様のPCC車のB-3台車ベースであるが、こちらは一般的なアウトサイドフレーム構造であり、W.N.ドライブを用いた平行軸可撓式駆動とされた。主電動機は枕ばりに装荷され「ボルスターモーター台車」として特許出願されている。
出典：国立公文書館蔵『神戸市電　車両設計変更認可申請昭和39年度』より

■車輌竣工図表 神戸市交通局1150形1152号

所蔵：宮武浩二

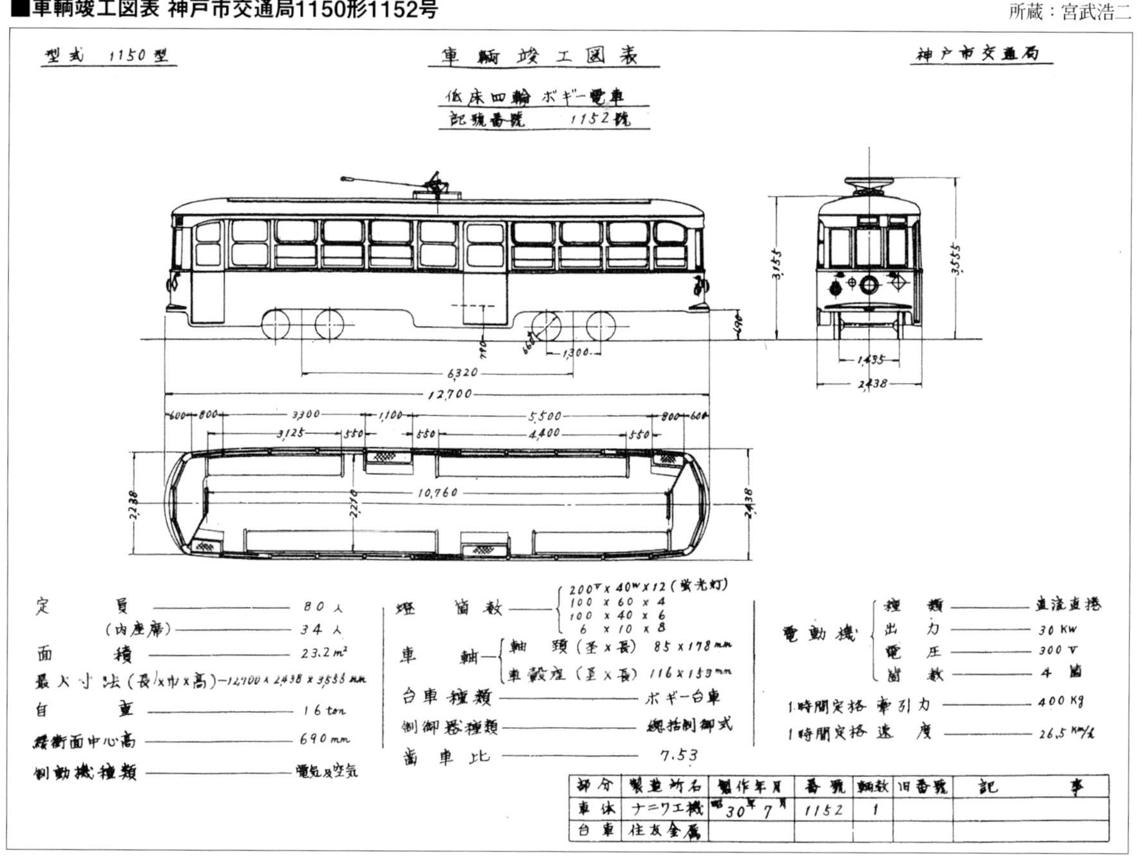

入線直後の5500形量産車5506号　　1956.1.2　三田車庫　P：中村夙雄

5.3　東京都電5500形量産車（5503～5507）

○「無音電車規格統一研究会」推奨仕様車
●形式：東京都交通局5500形5503～5507号
●製造：ナニワ工機／1955（昭和30）年11～12月
●電機品：三菱電機　台車／駆動装置：住友金属

1953（昭和28）年11月に、東京都交通局車両課と三菱＆住友による国産技術がベースの5502号、翌1954年５月にTRCパテント準拠車である「PCCカー」ベースの5501号、そして5502号を電空併用ブレーキ弁に変更した6501号、さらに局工場で製造の東芝カルダン試験車7020号が完成したが、その後の各車の使用実績に基づき5500形５両が製造された。車体寸法などは、5501・5502号を踏襲しており、14m級の大型車であるが側窓サイズを拡大するなど、よりスマートになっている。

機器類は、5501号の米国PCCカーの仕様は過剰性

5503号は入線後、集電装置をZ型パンタに換装した。　　1962.4.21　須田町　P：宇野　昭

能であること、7020号の東芝製機器類は防音防振性能は良好なものの運行実績が芳しくなく、運転面・保守面ともに取扱に難儀していたため、5502号と6501号をベースにした、三菱電機の電機品と住友金属の台車が採用された。

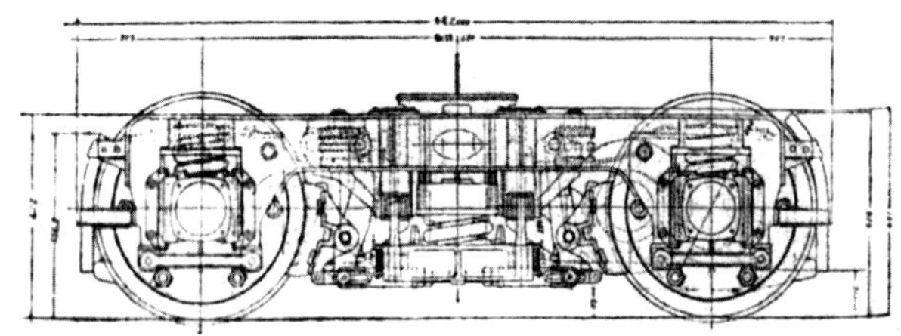

住友金属 FS-353台車図面　所蔵：松田義実

主電動機は三菱電機MB-3015-B4で、30kw×4、定格回転数1600rpmである。5501と5502号に採用された出力41.25kwのM B-1432シリーズをデチューンしたもので「無音電車規格統一研究会」推奨の仕様である。駆動装置は5502号、6501号のW Nドライブを踏襲しているが、ギヤ比が異なり113:15＝7.53とされた。これは全界磁定格速度が5502号では35.0 km/h、6501号に至っては40.5 km/hと過大であったことから、歯車比を牽引力重視にしたためと考えられる。

台車は住友FS-353。5502号のFS-351=東京都型式D-19を改良したもので、台車枠が一体鋳鋼製からプレス板の全溶接となり軽量化に留意、オイルダンパーに代わり枕ばねのコイルばね内にPCC型防振ゴムを内蔵している。弾性車輪は住友金属製を引き続き採用している。

制御装置は、三菱電機製永久並列接続の総括制御間接自動進段方式に変更はないが、5501号のWHタイプ縦置きドラム型多接点PCCコントロール、5502号・6501号の電動ドラム式は採用せず、電動カム軸式を新たに採用。永久並列接続のステップ数力行20段・制動19段の多段式である。間接制御特有のデッドタイム対策は5502号・6501号の主電動機界磁輪線への強制励磁方式から進化し、惰行時の主電動機を発電機として用い、惰行時に発電ブレーキ回路を形成する「他励スポッティング」を新たに採用した。このスポッティング付電動カム軸制御器は、三菱電機の市街電車用コントローラーの第２世代標準仕様とされ、他社局にも採用されることとなる。電制操作は6501号と7020号でブレーキ弁での電空併用単一操作を試用したが路面電車特有の低速走行時に課題があり、5502号と同様にマスコン側の逆回転操作とされた。

制動装置は一般的なSM-3直通ブレーキで制動弁も3方弁マニュアルラップ式のPV-3、基礎ブレーキも停止用と割り切った片押踏面ブレーキを採用。主電動機電機子軸／ピニオン軸ドラムブレーキは7020号の使用実績が芳しくなかったと推測される。

手堅くまとめた印象の5503～5507であるが、その車体サイズが災いし1967(昭和42)年12月の都電第一次撤去での三田車庫廃止と運命を共にした。

銀座中央通りの都電最終日、装飾電車を務める5503号。集電装置はビューゲルに再度換装されていた。
1967.12.9　上野駅南口(上野山下)～上野駅前　P：中村夙雄

名古屋市電の「無音電車」2000形2011号。
1958.3.6　景雲橋
P：荻原二郎

6.「無音電車」総覧・1956(昭和31)年

この年には、「六大都市無音電車規格統一研究会」により「市街軌道用無音電車仕様書」が制定された。

6.1 「路面軌道用無音電車仕様書」の概要

高加減速、防音、防振の性能を装備した路面軌道用車両を製作するにあたり、「廉価、軽量、堅牢、保守の省力化、防火防壁、防湿、機構の単純化」、この要

■1956(昭和31)年製車両の諸元表 1

事業者	大阪市交通局			神戸市交通局
型式	3001形 3001～3020号	3001形 3021～3030号	3001形 3031～3050号	1150形 1153～1158号
製造年	1956(昭和31)年			1956(昭和31)年
製造メーカー	ナニワ工機	帝国車輌	日立製作所	川崎車輌
全長×全幅×全高(mm)	12480×2468.6×3250	←	←	
自重(ton)	15.5t	←	←	
車体工法	全鋼製	←	←	全鋼製
台車	住友金属FS-252	←	日立KL-7	住友金属FS-253
車体支持方式	揺れ枕吊り	←	←	揺れ枕吊り
枕ばね	コイルばね オイルダンパー併用	←	←	コイルばね PCC型釣鐘形防振ゴム
軸箱支持方式	ペデスタルウィングばね	←	←	ペデスタル軸ばね式
軸ばね	コイルばね	←	←	コイルばね
車輪	PCC形弾性車輪　剪断ゴム	←	←	PCC型弾性車輪　剪断ゴム
定格速度／最大加速度／減速度	27.8 km/h　3.8 km/h/sec　4.2 km/h/sec	←	←	27.8 km/h　3.83 km/h/sec　4.5 km/h/sec
制御システム	三菱電機 AB-44-6MDB	東洋電機製造 ACD-M430-252A	日立 MMC-LB-4-A	東芝MCM/MC-2-A/ 永久並列/力行14段・制動20段
主幹制御器	三菱KL-561 力行4ノッチ電制3ノッチ	東洋ES-95A 力行4ノッチ電制3ノッチ	日立型式不明 力行4ノッチ電制3ノッチ	東芝KC-31-A 力行4ノッチ
制御電源	MG・アルカリ蓄電池/DC32V	←	←	MG/DC100V
制御機器動作方式	電磁単位スイッチ	←	←	KMC軸　電動カム軸式
抵抗短絡方式	電動カム軸式	←	←	KMR軸　電動カム軸式
予備励磁方式	強制励磁	←	←	惰行時スポッティング ノッチ戻し
主電動機	三菱電機MB-3016-A	東洋電機製造TDK-851-A	日立HS-503-Grb	東芝SE-526
出力／端子電圧／定格電流	30kw　300V　115A	←	←	30kw　300V　112A
定格回転数／重量／個数	1600rpm　310kg　4個	←	←	1600rpm　不明　4個
駆動方式	直角カルダン ハイポイドギヤ	←	←	東芝直角カルダン ハイポイドギヤ
歯車比	43:6=7.17	←	←	43:7=7.17
電制/空制同期	―	―	―	NA-1作用装置(締切電磁弁・射込弁)
発電ブレーキ操作	MC逆回転3ノッチ	←	←	ブレーキ弁3ノッチ
空気ブレーキ	SM-3E/軌条吸着 トラックブレーキ対応	←	←	SM-3-D
ブレーキ弁	三菱電機/ 日本エアブレーキSA-2E	日本エアブレーキSA-2E	三菱電機SA-2E	日本エアブレーキSLE-36 セルフラップ式
基礎ブレーキ	主電動機電機子軸外締ドラム	←	←	主電動機電機子軸外締ドラム

目を踏まえた機器類・部分品の規格統一を目指した。車体・主電動機・車輪・制御器・台車・ブレーキ等の専門部門に分け、これを各都市で分担・研究して標準化・規格化を進めた。

一方で各都市・事業者で実情が異なることもあり全面的な規格の一元化は困難でもあったので、車長及び自重についての基準値のみ示し、各機器類・部分品のみを分離して製作する場合にも単独使用できるように仕様表がまとめられた。

●運転条件

運転条件の仕様	
最高運転速度	40km/h
加速度	3.0〜3.5km/h/s
減速度	3.5〜4.0km/h/s

米国PCCカーは、バス及び自家用車との競合という性質上、高加速/高減速、速度向上かつ快適な乗り心地を、駅間平均距離200〜300mで実現するために、加速度平均5.6km/h/sec、減速度平均5.8km/h/sec、最高速度67km/hという性能を備えるが、平均駅間距離が500mであった当時の日本国内の路面電車路線には過剰性能であるとして設定された数値である。

●車体関係　担当：横浜市交通局

車体関係の仕様	
長さ	12,000〜13,000mm
幅	2,400mm以下
高さ	3,200mm以下
床面高さ	800mm以下
鋼体自重	4t内外
空車時重量	17t以下
満載時(200人)重量	28t以下

PCCカーの車体規格では、車体長14m級で固定軸距離6,600mm以上、台車軸距離1,905mmであり、当時の日本国内での仕様ではサイズ超過の路線がほとんどであった。実際にTRCパテント準拠車である東京都電5501号は米国PCCカーと同規格の車体サイズであった関係で、ほぼ直線区間であった銀座中央通りを運行する１系統(品川駅前〜上野駅前)専用であった。

また前述の通り、戦後に入り航空技術者の鉄道業界への転身により、車体軽量化への模索が進んでおり、車体構体・鋼板への高抗張力鋼の採用、準張殻構造へ

■1956(昭和31)年製車両の諸元表 2

事業者	名古屋市交通局			
型式	2000形 2001号	2000形 2002号	2000形 2003〜2029号	800形801・802号
製造年	1956(昭和31)年	1956(昭和31)年	1956〜1958(昭和31〜33)年	1956(昭和31)年
製造メーカー	日本車輌	日本車輌	日本車輌・輸送機工業	日本車輌
全長×全幅×全高(mm)	12730×2404.6×3850	←	←	12717×2416×3850
自重(ton)	16t	←	←	11t
車体工法	全鋼製	←	←	全鋼製　超軽量構造
台車	日本車輌　NS-6	日立製作所　KL-10	日立製作所 KL-8/KL-8A	日本車輌　NS-51
車体支持方式	揺れ枕吊り　長リンク外吊り式	インダイレクトマウント	揺れ枕吊り カム式吊りリンク	インダイレクトマウント
枕ばね	コイルばね オイルダンパー併用	ベローズ式 空気ばね	コイルばね オイルダンパー併用	コイルばね PCC型釣鐘形防振ゴム
軸箱支持方式	ペデスタル軸ばね式	軸箱梁式	軸梁式	軸箱梁式 L字型台車枠ロンビック構造
軸ばね	コイルばね	ゴムブッシュ	コイルばね	ゴムブッシュ
車輪	PCC型弾性車輪 剪断ゴム	日立弾性車輪 圧縮・剪断ゴム併用	PCC型弾性車輪 剪断ゴム	PCC型弾性車輪 剪断ゴム
定格速度／最大加速度／減速度	27.8km/h　3.5km/h/sec　5.0km/h/sec	←	←	26.5km/h　不明　不明
制御システム	日立製作所　MMC-LB-4	←	←	日本車輌　NCAL-1501BE-1
主幹制御器	日立製作所　MA BMV-045	←	←	日本車輌NSL-1 力行／電制4ノッチ
制御電源	MG/DC100V	←	←	架線電源／抵抗100 V降圧
制御機器動作方式	電空単位スイッチ	←	←	連動接点式
抵抗短絡方式	電動カム軸式	←	←	電磁単位スイッチ
予備励磁方式	強制励磁	←	←	―
主電動機	日立製作所　HS-503-Erb	←	←	日本車輌　NE-100A／B
出力／端子電圧／定格電流	30kw　300V　115A	←	←	100kw　600V　185A
定格回転数／重量／個数	1600rpm　325kg　4個	←	←	1700rpm　不明　4個
駆動方式	日立直角カルダン ハイポイドギヤ	←	←	車体装荷乗越カルダン ウォームギヤ
歯車比	43:6=7.17	←	←	40:5=8:1
電制/空制同期	―	―	―	―
発電ブレーキ操作	MC逆回転5ノッチ	←	←	MC逆回転4ノッチ
空気ブレーキ	日立電磁直通弁式 直通空気ブレーキ	←	←	SM-3三方弁式
ブレーキ弁	MCブレーキノッチ 3〜5段/PV-3	←	←	MC逆回転4ノッチ PV-3
基礎ブレーキ	カルダン推進軸外締ドラム式	←	←	車軸ドラムブレーキ

の転換が始まっており、これらを用いた軽量車体を採用した車両も登場している。

●台車要目　担当：京都市交通局

台車関係の仕様	
台車重量	2.3t以下
車輪径	660mm
固定軸距離	5,800mm内外

PCCカーで採用された台車は、直角カルダン駆動であった関係で軸距離1,905mmと長大であり、14m級の車体長であったことで台車中心間距離が7,934mmと国内の路面電車にはいささかサイズオーバーであったため以上の規格が制定された。

台車構造に関しては特に規格は制定されず、軌道事業者と台車メーカーにおいて様々な新方式の防音・防振台車が開発・製造された。以下主に開発・製造されたコンポーネンツを示す。

○台車枠：一体鋳鋼式、鋼板プレス全溶接
○揺れ枕：長リンク式揺れ枕吊り／カム式吊りリンク（日立）／インダイレクトマウント
○枕ばね：
　コイルばね／オイルダンパー／PCC型防振ゴム内蔵空気ばね／エリゴばね/トーションバー
○軸箱支持方式：軸梁式(川崎車輌／日立)
　軸箱梁式(住友／日立／東芝／汽車会社／帝国車輌)
　ウィングばね式(大阪市交通局/住友・日立)
　円筒案内式(近畿車両シュリーレン式/日本車輌SIG式
○車輪　担当：名古屋市交通局
　車輪の種類　　弾性ゴム種類
　弾性車輪　　　剪断ゴム

弾性車輪はゴムをタイヤとボスの間に圧入する方式と、米国PCCカーと同じ剪断型円盤ゴムを挿入する方式が検討されたが、PCC型の円盤状剪断ゴムを挿入し車輪の組立にスペーサーボルトを使用する方式が住友金属により開発され推奨されることとなった。

さらに弾性車輪への踏面ブレーキの使用は、発熱により内蔵された防振ゴムへの悪影響を看過できないこともあり、同じスペーサーボルト使用の剪断形でも小型円筒ゴムを複数使用し、熱対策が施されたスイス・SAB型弾性車輪へ変更する事業者も散見された。

●主電動機　担当：東京都交通局

主電動機関係の仕様	
定格出力	30kw　4個
端子電圧	2S2P接続300V
定格回転数	1600rpm

米国PCCカー標準仕様は41.25kw(55HP)の4個モーター装備であり、当初はWHのライセンスで三菱電機がPCCカーと同規格の主電動機を試作し東京都電と大阪市電で試用、東洋電機では38kwの中空軸電動機を開発したが日本国内では性能過剰として、事業者側の要望により30kw(40HP)の数値が設定された。東芝／日立は当初より30kw主電動機に絞ったラインナップであった。

●電動機駆動方式

電動機駆動方式の仕様	
直角カルダン	ハイポイドギヤ使用(ギヤ比43:6=7.17)
W.N.ドライブ	歯車型軸継手
TDカルダン	中空軸電動機使用平行軸可撓式

PCCカーは、ギヤ比43:6のハイポイド・ギヤを使用した直角カルダン駆動であったが、ハイポイド・ギヤの製造にはライセンス取得に加えて金属研磨・加工においてハイレベルな製造能力が必要であり、性質上回転数が高くなるにつれて走行抵抗が増大するデメリットも存在したため、WHのライセンスで三菱電機/住友金属が実用化したW.Nドライブと、東洋電機が開発した中空軸電動機を用いた平行軸可撓式も規格に制定された。

●制御装置　担当：神戸市交通局

制御装置関係の仕様	
種類	間接自動制御
電動ノッチ	電動カム軸式4ノッチ3～4ノッチ
制動ノッチ	非常用1ノッチ16ステップ
電動ステップ	(2ステップは減流)16ステップ
制動ステップ	(2ステップは減流)

PCCカーでは、WHタイプが99ステップの抵抗器一体型多接点ドラム式加速器、GEタイプが137ステップの抵抗器一体型整流子式加速器、どちらも永久並列接続である。超多段仕様かつフットペダル・コントロールであったが日本国内の実情に合わないと判断され、手動操作での国内の軌道事業者に適応した仕様が模索された。

当初は抵抗短絡スイッチに床下に吊り下げた直接制御器をパイロットモーターで作動させる電動ドラム式が各メーカーで開発・試作されたが不具合が頻発し、最終的には電動カム軸式が制定された。永久並列繋ぎを踏襲し、力行／制動ともノッチ毎に限流値を設定し投入ノッチで加減速度を選択できる方式とした。また間接自動制御特有のノッチ投入時デッドタイム対策は、主電動機界磁への強制励磁、惰行時に発電制動回路を予め形成するスポッティング(惰行時ノッチ選択式)、主電動機の電制立ち上がり前に制動ノッチ進みを防止する限流継電器を装備する方式などが推奨された。

●制動装置　担当：大阪市交通局

制動装置関係の仕様	
空気制動装置	SLED SME-D SM-3E SM-3D SM-3
基礎ブレーキ装置	電機子軸ドラムブレーキ
電気ブレーキ装置	発電ブレーキ電空併用

米国PCCカーとそのライセンス準拠車である都電5501号で採用された、フットペダルによるエアレス全電気ブレーキは、制御装置の容量や実際の運転面の問題で時期尚早であると判断され。基本は戦前より各事業者で使用されている直通空気ブレーキに変更はないがブレーキ弁を従来通りの３方弁を用いたマニュアルラップ式、ポベット弁を用いたセルフ・ラップ自動調圧式、電制常用に対応するためにマスターコントローラーによる電気ブレーキ操作＋ブレーキ弁での空制操作、ブレーキ弁による電空併用ブレーキ単一操作、そしてマスターコントローラーでの電空併用ブレーキ単一操作などが模索された。

基礎ブレーキ装置は台車にブレーキシリンダー装備とし、剪断ゴム入り弾性車輪での踏面ブレーキは車輪の温度上昇などで好ましくないため、PCCカーに準じた主電動機電機子軸、及びピニオンギヤ軸へのドラムブレーキが設定された。

●電動発電機　担当：横浜市交通局

電動発電機関係の仕様	
電動機側	電圧600V±60 250V入力 3.0kw 回転数3600rpm
発電機側	交流側 電圧200V 出力1.2KVA
	直流側 電圧37.5V 出力0.5kw

車内照明への蛍光灯普及、そして制御装置の電源を架線電源から抵抗挿入で降圧する方式から電動発電機によるDC100Vが推奨された。米国PCCカーでは蓄電池電源の32Vという低電圧であったが、電圧不足による主制御器の接触不良が懸念されたと考えられる。

最終日を翌日に控えた大阪市電都島車庫前。3001形は大阪市電全廃時まで活躍を続けた。左から3020、3012、2675。
1969.3.30　P：荻原俊夫

6.2　大阪市電3001形（3001～3050）

○軌条吸着トラックブレーキ装備の「大阪市電の最優秀車」

●形式：大阪市交通局3001形3001～3050号
●製造：ナニワ工機/帝国車輌/日立製作所　1956(昭和31)年
●電機品：三菱電機／東洋電機製造／日立製作所
●台車・駆動装置：住友金属／日立製作所

試作車3001→3000号(前述)と「防音電車」2201形の使用実績から量産車の仕様が選定され、一挙に50両が発注された。

量産車ではメーカーが３つに分かれており3001～3020号がナニワ工機／三菱電機でA車、3021～3030号が帝国車輌／東洋電機製造でB車、3031～3050号が車体、電装品ともに日立製作所でC車と通称されていた。基本仕様は大阪市交通局選定であったが、３社それぞれの機器は構造にかなりの差異があったと伝えられる。

大阪市電3001形3007号。試作車3001→3000号をベースに量産化されたうちの1両で、この3001 ～ 3020号は車体がナニワエ機製、電装品が三菱電機製であった。
1956.7.26　あべの橋　P：丸森茂男

主電動機出力は3001号では米国PCCカー同仕様である55HP=41.25kwであったが、出力過大であったため「路面軌道用無音電車仕様書」準拠の30kw(40HP)仕様に変更。制御システムは、3001号→3000号で三菱の電動ドラム・強制励磁式を、2201形で東芝の電空ドラム・スポッティング式を採用し比較検討の結果、大阪市交通局主導で仕様を決定。制御の繋ぎとノッチ曲線のみ無音電車仕様書を参考に、予備励磁方式を強制励磁とし、電動カム軸の回転速度可変式を採用。制御システムの電源を、米国PCCカーとそのパテント準拠車東京都電5501号と同様の蓄電池電源32Vとし、主電動機への予備励磁用電源と後述の「電磁式軌条吸着トラックブレーキ」用の電源と共用とされた。デッドタイム対策は主電動機界磁への強制励磁と新たに電動カム軸の操作電動機の回転速度可変機構を新たに採用。従来、再加速時や加速中に電制へ移行する際はデッドタイムが4～6秒要していたが、これを2～4秒まで短縮することが出来たと言われている。

電制操作は運転部門の要請でマスコン側となり、ブレーキ弁による電空同期を省略して機器構成を簡略化。ブレーキ弁は、SA-2Eセルフラップ式で直通空気ブレーキと新たに「電磁式軌条吸着トラックブレーキ」を操作する方式となった。これはブレーキ弁を非常位置に置くとドラムブレーキの最大制動力とともにトラックブレーキが作動するもので、連動して妻面ブレーキ灯が点灯、運転台のブザーが鳴動するものである。このトラックブレーキを採用した理由として、常用制動である電気／ドラムブレーキの制動力低下／喪失時に補助用として構想されたとのことであるが、実際にトラックブレーキを使用した乗務員の証言では、その制動力の大きさから乗客の転倒は免れなかったとのことであり、実際は非常用として使用していたと推測される。

台車はA車、B車が住友FS-252、C車が日立KL-7、ウィングばね式オールコイルばね台車で基本構造は変わらない

入線直後の3001形3013号。
1956年　霞町・天王寺車庫
P：奥野利夫

3001～3030の台車、住友FS-252。試作3001→3000のFS251と基本構造は踏襲しているが、直角カルダン駆動装置の歯車をハイポイド・ギヤに変更し、基礎ブレーキ装置を踏面ブレーキより主電動機電機子軸ドラムブレーキに変更。非常ブレーキ用に電磁式軌条吸着トラックブレーキを新たに装備したことが当時話題となった。トラックブレーキ作動時に軸箱が傾くのを防止するためのアンカーが外見上の大きな特徴であった。

所蔵　松田義実

が、車体支持方式が心皿と左右側受の３点支持方式となりボルスターアンカーを装備し蛇行動防止に留意。基礎ブレーキに主電動機電機子軸外締めドラムブレーキを採用したため、ブレーキシューが見当たらない。

登場時より主要幹線である南北線、堺筋線系統を受け持つ天王寺車庫と都島車庫に配属され、華々しくデビューしたが初期故障が多発し、労働組合より乗務拒否寸前まで勧告を受けたという。トラブルを克服後は特に若手の乗務員に好まれたとのことである。

大阪市電全廃後は残念ながら全車廃車となったが、日立製3050号が大阪市電最後の新製車として、現在大阪市交通局の後進である大阪市高速電気軌道緑木検車場に併設の「市電保存館」に保存されている。また帝国車輌製で東洋の電装品を装備した3021～3024号が

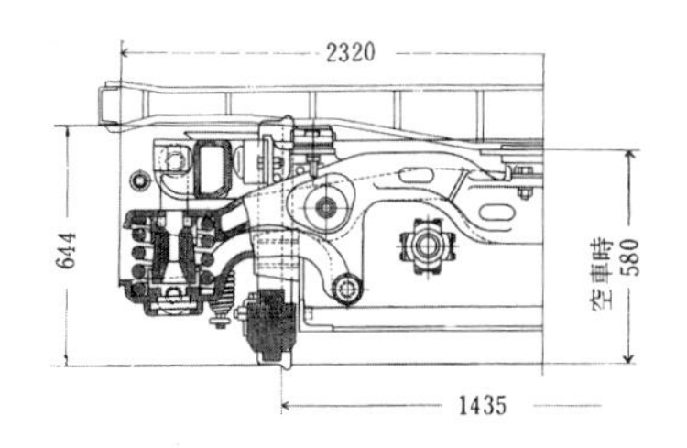

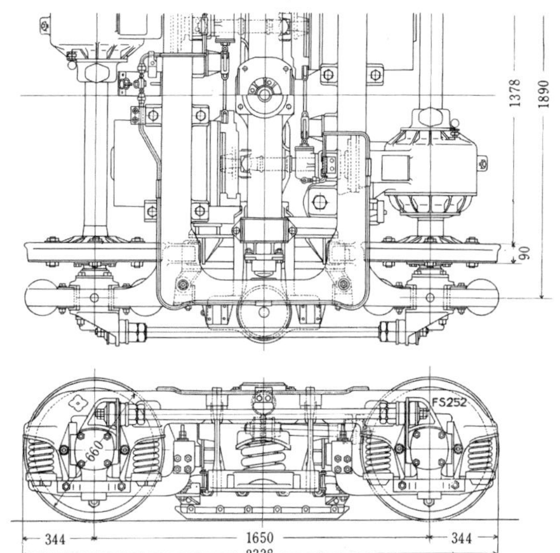

住友FS-252形台車 図面　所蔵：松田義実

鹿児島市交通局に譲渡され、連接車700形として再起している（後述）。

保存車3050号の運転台。3031～3050は日立製マスコン装備。ブレーキ弁はSL-2-E。セルフラップ式で電空併用ブレーキ弁に見えるが、電気制動はマスコン側操作であり、ブレーキ弁の電気接点は電磁式軌条吸着トラックブレーキ用である。　P：宮武浩二

保存車3050号の台車、日立KL-7。基本構造は3001～3030の住友FS-252と同一だが、トラックブレーキ作動時に軸箱が傾くのを防止するアンカーは装備していない。1993.8.5　新市電保存館　P：宮武浩二

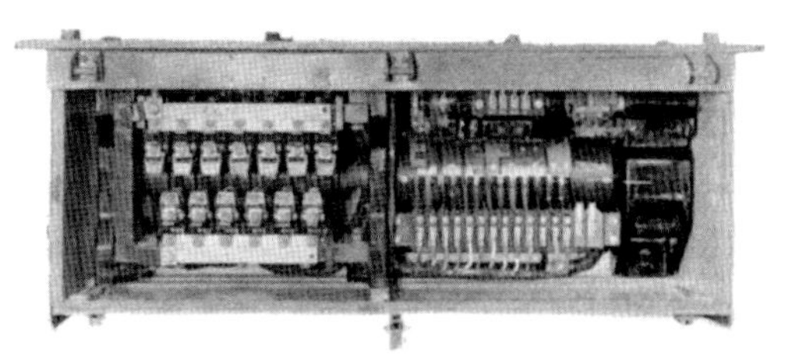

大阪市電3021～3030の主制御器である東洋電機製造ES-252。低床用NCカム電動カム軸式であるが、スイッチングの接触指が小さく、保守には苦労したと伝えられている。

出典：東洋電機製造カタログ1958年版　所蔵：松田義実

入線直後の名古屋市電2000形2016号。　　1957. 10.14　名古屋駅前　P：中村夙雄

6.3　名古屋市電2000形（2001～2029）

○名古屋市電「無音電車」の完成形
●形式：名古屋市交通局2000形2001～2029号
●製造：日本車輌／輸送機工業
1956～1958（昭和31～33）年

■日立空気ばね台車KL-10図面　　出典：日立製作所カタログ　所蔵：松田義実

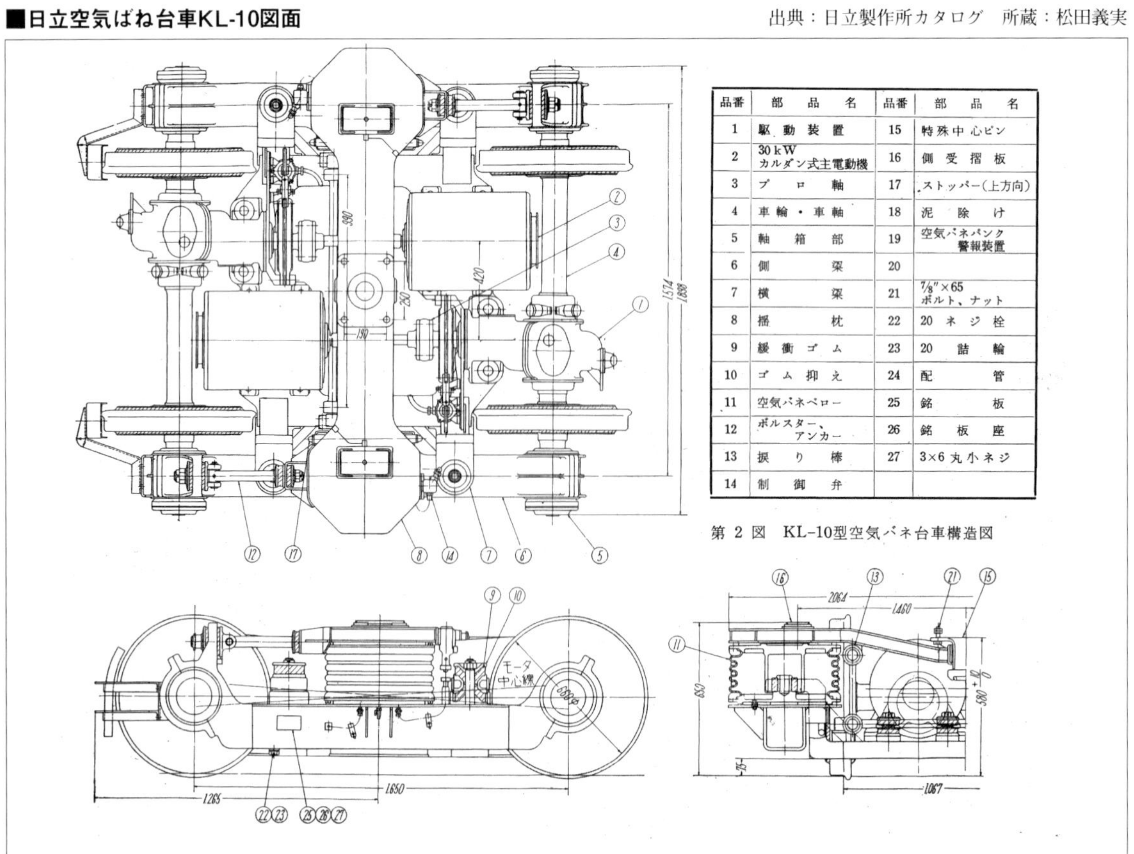

品番	部品名	品番	部品名
1	駆動装置	15	特殊中心ピン
2	30kW カルダン式主電動機	16	側受摺板
3	ブロ軸	17	ストッパー（上方向）
4	車輪・車軸	18	泥除け
5	軸箱部	19	空気バネパンク警報装置
6	側梁	20	
7	横梁	21	7/8″×65 ボルト、ナット
8	揺枕	22	20 ネジ栓
9	緩衝ゴム	23	20 詰輪
10	ゴム抑え	24	配管
11	空気バネベロー	25	銘板
12	ボルスター、アンカー	26	銘板座
13	捩り棒	27	3×6 丸小ネジ
14	制御弁		

第2図　KL-10型空気バネ台車構造図

2000形2017号。現在は日進工場内の「レトロでんしゃ館」に保存されている。
1966.7.4 栄町
P：中村夙雄

●電機品：日立製作所

●台車：2001＝日本車輌

2002～2029＝日立製作所

1900形に続いて登場した名古屋市電「無音電車」の決定版。車体関係が大幅に変更となり側窓が拡大、前面方向幕を大型化、全扉を片開１枚引き戸式に変更し軽快なデザインとなった。走り装置は基本的に1900形と同一であるが、電制投入時のデッドタイム対策で主電動機界磁への強制励磁機能が追加。基礎ブレーキ装置がピニオン軸外締式ドラムブレーキに変更され、台車が日立KL-8/KL-8Aとなった。尚、2001号は地下鉄向け試作台車と言われる日本車輌製NS-6、2002号は日立製試作空気ばね台車KL-10に換装されている

1962（昭和37）年以降、1900形同様運転台床下へ抵抗器の一部を移設、前面排障器の上部に冷却用スリットを設置する改造が行われている。

1966（昭和41）年以降ワンマン化改造を実施、1972（昭和47）年の浄心車庫廃止に伴い全車廃車となった。現在は2017号が名古屋市交通局日進工場に併設された「レトロでんしゃ館」に保存されている。

タイヤ
止輪
防振ゴム
特殊ボルト
880φ
防振ゴム抑え
輪心
締付ボルト
車軸

日立KL-10弾性車輪図面
剪断ゴムに加えて圧縮ゴムも挿入されている。
出典：日立製作所カタログ　所蔵：松田義実

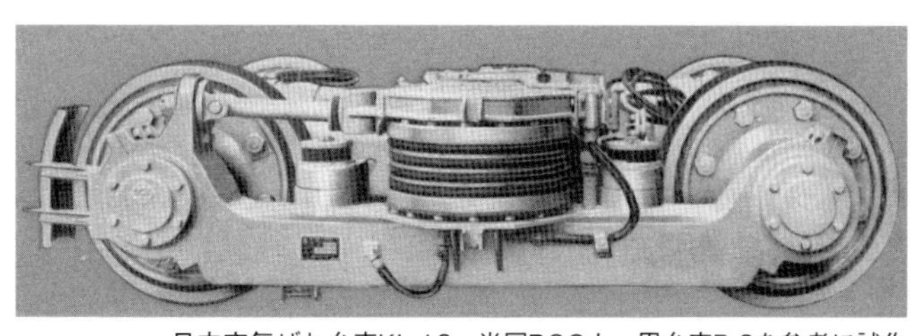

日立空気ばね台車KL-10。米国PCCカー用台車B-3を参考に試作された一自由度系空気バネ台車。2002号に装着された。
出典：日立製作所カタログ　所蔵：松田義実

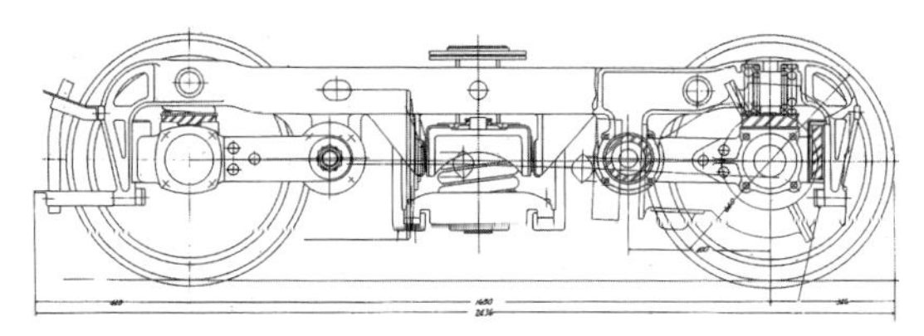

名古屋市電2000形台車、日立KL-8。1900形のKL-4、KL-5の改良型。基礎ブレーキがピニオンギヤ軸ドラムブレーキ変更されたため、ブレーキシューが見当たらない。
出典：なごや市電整備史　所蔵：松田義実

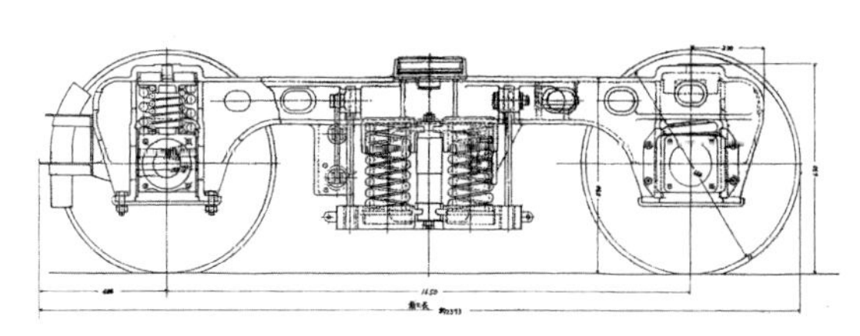

2001号台車 日本車輌NS-6。名古屋市営地下鉄用台車の技術評価試験用台車である。
所蔵：松田義実

名古屋市交通局800形二次車808号。この年開催された「ECAFE」に展示され、先端技術をアピールした。
1958.5.18　国鉄大井工場
P：中村夙雄

6.4　名古屋市電800形（801～812）

○日本車輌の野心作「NSL車」
●形式：名古屋市交通局800形801～812号
●製造：日本車輌／1956（昭和31）年
●電気品：日本車輌
●台車：日本車輌

日本車輌が開発したNSL（＝Nipponsharyou Simple Lightweigt）車と称する超軽量車。車体を極限まで軽量化、主電動機はトロリーバス向けの100kw主電動機を車体中央に吊り下げ、ユニバーサルジョイントで両台車の車端側車輪を駆動するという、まさに鉄道模型のような駆動システムを持つ。従前より駆動用歯車にウォームギヤを使用していることで著名であったが、これは最初に登場した試作車である801号と802号のみ。二次車ではハイポイド・ギヤ、三次車では2段減速スパイラル・ベベルギヤ／ヘリカルギヤに変更されている。

台車は当初はPCCカー用B-7台車のパテントを用い

■名古屋市電800形車体図面
出典：日本車輌カタログ「NSL」
所蔵：松田　義実

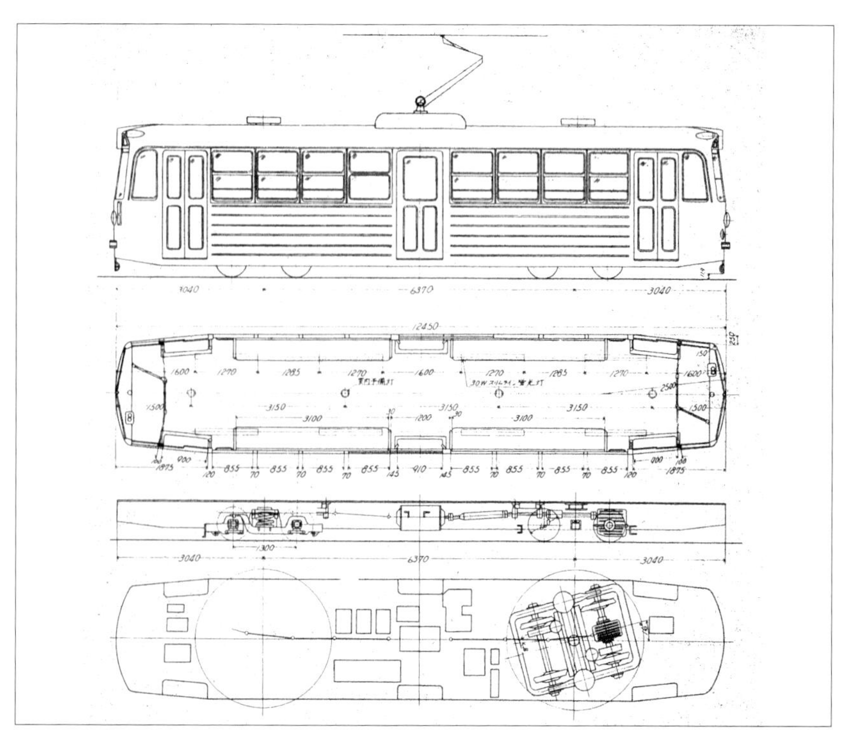

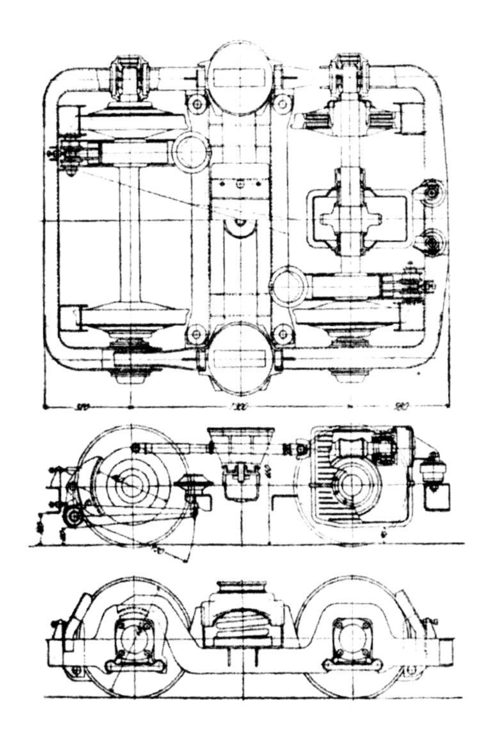

日本車輌NS-51形台車図面
出典：日本車輌カタログ「NSL」 所蔵：松田 義実

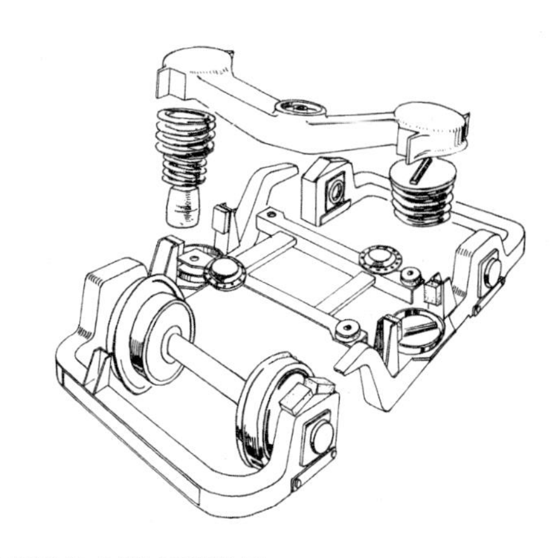

日本車輌NS-51形台車概念図
出典：日本車輌カタログ「NSL」 所蔵：松田 義実

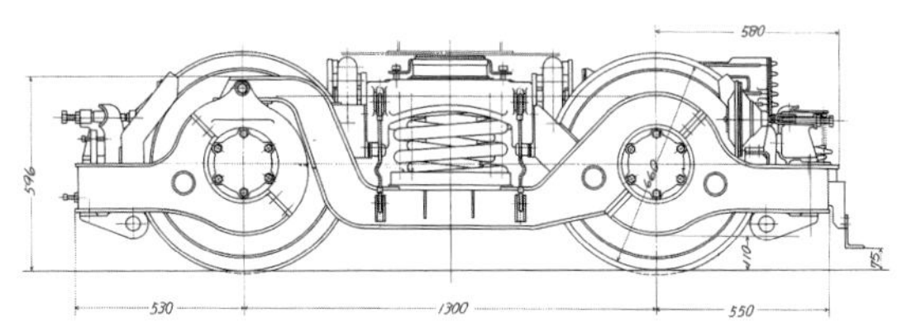

二次車の台車NS-52。NS-51と同様のPCCカー用B-7台車由来のL字形台車枠であるが、駆動装置がハイポイド・ギヤに変更された。
出典：なごや市電整備史

たNS-51・NS-52であったが、三次車では、東京都電8000形向けの台車であるNS-7(東京都交通局型式D-21)の設計を用いたNS-53に変更されている。

制御装置は間接自動進段式日本車輌NSL-1500、連動接点式電磁単位スイッチ力行/制動11ノッチでシンプルな構成。ブレーキはSM-3直通ブレーキで、ブレーキ弁は一般的な３方弁式PV-3であった。

メーカー主導の異形かつ斬新な車両であったが、極限まで軽量化したため速度域が高くなると動揺が激しくなり、断熱材なども極力廃した車体構造のため夏場の車内は蒸し風呂のように暑くなるなど、実用には些か向かない点が当時より指摘されていたという。転線用スプリングポイントでは脱線事案もあったとのこと。

新製当初より港車庫に配置されたが、1959(昭和34)年の「伊勢湾台風」で全車冠水。復旧まで３年の歳月を要しているが、この際に制御器を電動カム軸式に換装、一、二次車ともに三次車と同様のワンハンドル・コントロールに改造したとのことだが、メーカー／制御機構等は確認出来ていない。

1965(昭和40)年以降にワンマン改造を受けたが、軽量車体の構造上老朽化の進行が早く、側窓の開閉にも支障をきたす状態となり、1969(昭和44)年の港車庫廃止に伴い全車廃車された。

名古屋市交通局800形801号。ウォームギヤ使用の試作車。
1957.7.15 沢上町 P：大須賀一之助(所蔵：宮武浩二)

名古屋市電800形の車内。
出典：日本車輌カタログ「NSL」 所蔵：松田 義実

神戸市交通局1150形1156号。床下のMCM主制御器が目を惹く。
出典：神戸市交通局50年史

6.5 神戸市電1150形（1153～1158）

○最新式のPCCコントロールを採用した「量産車」
●形式：神戸市交通局1150形1153～1158号
●製造：川崎車輌／1956(昭和31)年10月
●電機品・駆動装置：東芝／日本エヤーブレーキ
●台車：住友金属

神戸市交通局では東芝製電装品と台車の1151号、三菱製電装品／住友製台車の1152号を試作して比較検討の結果、直角カルダン駆動の東芝製電機品で増備することになり、1956(昭和31)年に量産車6両が川崎車輌で製造された。43:6のギヤ比を持つハイポイド・ギヤによる直角カルダン駆動装置に変更はないが、1151号からわずか1年で台車と制御装置が大きく変化した。

台車は1151号の東芝TT-102から住友金属製に変更となり、オーソドックスなペデスタル軸ばね式コイルばね台車FS-253を採用。大阪市電3001形の住友FS-252を軸ばね式軸箱支持に変更し、軌条吸着トラックブレーキを取り外した構造である。昭和30年前後に住友金属で製造されていた市街電車向け吊掛駆動台車FSシリーズ同様の容姿であるが、枕ばねにPCC車由来の釣鐘型防振ゴムを装備、直角カルダン駆動のため軸距離が一般的な1,400mmから1,650mmとなっている。主電動機は「無音電車仕様書」準拠の東芝製SE-526、基礎ブレーキは1151号同様ドラムブレーキであるが、ピニオンギヤ軸外締めドラム式から主電動機一体型電機子軸外締ドラム式に変更。

そして制御装置は1151号の電空ドラム式と早々に決別。この量産車にはPCCカーのGEタイプPCCコントロールでも、第2世代のMCMを由来とする電動カム軸式のMC-2Aパッケージ形制御装置を採用。惰行時ノッチ選択(スポッティング)も引き続き装備し、加えて惰行時の下り勾配対策としてノッチ戻し機構も装備していた。制動関係は1151号と同様のSM -3-D、日本エヤーブレーキSLE-36セルフラップブレーキ弁とDD-1ブレーキ制御装置による電空同期機構を備えた電空併用ブレーキである。

「六大都市無音電車規格統一研究会」で制御装置を担

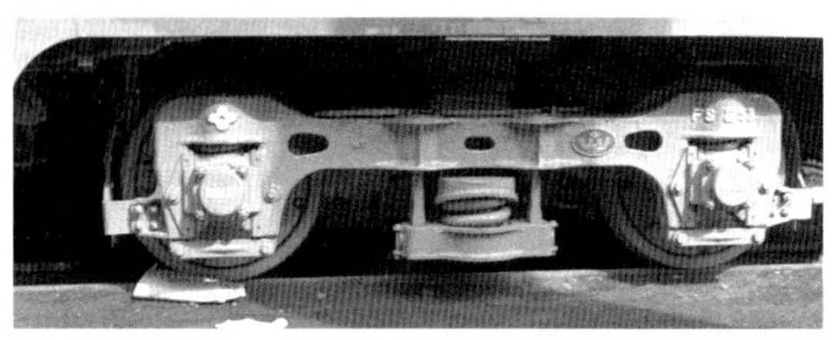

1150形量産車の台車、住友FS-253。1151号の東芝TT-102から住友金属製に変更となりオーソドックスなペデスタル軸ばね式コイルばね台車FS-253を採用。大阪市電3001形の住友FS-252を軸ばね式軸箱支持に変更し、電磁吸着トラックブレーキを取り外した構造である。昭和30年前後に住友金属で製造されていた市街電車向け吊掛駆動台車FSシリーズと同じ構造・容姿でシンプルな外観である。ただし直角カルダン駆動のためホイールベースが一般的1,400mmから1,650mmと伸ばされており、基礎ブレーキ装置が主電動機電機子軸への外締式ドラムブレーキのためブレーキシューが見当たらない。
1956.3.27　川崎車輌兵庫工場　P：筏井満喜夫

神戸市交通局1150形量産車(1153～)の住友FS-253台車。技術資料として神戸市交通局に保管されている。
1992.7.20　神戸市交通局名谷車両基地　P：宮武浩二

川崎車輛で完成し、搬出準備中の神戸市電1150形量産車1156号。
1956.3.27　川崎車輛兵庫工場
P：筏井満喜夫

当した神戸市交通局の意気込みを感じる装備であったが、スポッティング機構を充実させた反動で敏感すぎる電空併用ブレーキに乗務員が対応できず、保守面でも制御装置冷却用のMG直結の冷却ファンが埃を吸い込んでしまい冷却用風洞を閉塞、冷却不足による故障に悩まされたという。

1964(昭和39)年以降、直接制御器に換装、中古台車に履き替え吊掛駆動に変更された。その後1968(昭和43)年には1155号を除きワンマン改造されたが1971(昭和46)年の神戸市電全廃後に、保存指定を受けた1155号を除き広島電鉄へ譲渡、冷房改造を受け活躍を続けた。しかし連接車・超低床車の装備で次第に淘汰され、現在は1156号のみ在籍。1155号は小寄公園(旧・本山交通公園)に保存されている。またFS-253直角カルダン台車が、神戸市営地下鉄名谷車両基地内の市電保存庫に保管されている。

「無音電車仕様書」制定が1956(昭和31)年、六大都市の市電における仕様書準拠車は名古屋市交通局2000形の最終増備車が1958(昭和33)年に入線しているが、六大都市ではこれ以降「無音電車」は装備されていない。というのも、小世帯ではその車両性能を活かした運用が困難であることと、モータリゼーションの進展により路面電車の衰退が始まり、車両更新もより簡易化した間接非自動制御・吊掛駆動の車両が求められるようになったからである。

よって「和製PCC」「無音電車」と謳われたこれらの高性能車は残存路線への転属や、他社へ譲渡されることもなくほとんどが路線廃止時か、もしくは車齢10〜15年で引退することになった。唯一の事例で大阪市電3001形が鹿児島市交通局に4両譲渡されており、平成初期まで在籍していたので次項で紹介する。

■車両竣工図表 神戸市交通局1150形1153〜1158号　所蔵：宮武浩二

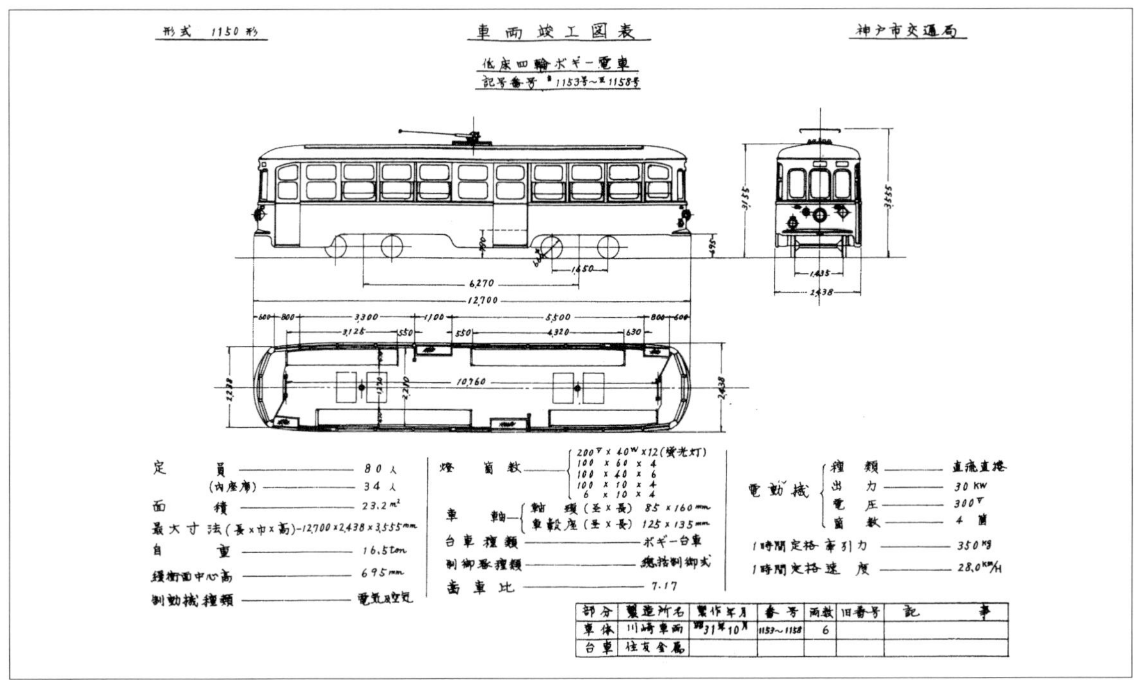

部分	製造所名	製作年月	番号	両数	旧番号	記事
車体	川崎車両	昭31年10月	1153〜1158	6		
台車	住友金属					

旧塗装時代の鹿児島市交通局700形701A+701B。　1970.3.11　鹿児島駅前　P：荻原俊夫

6.6　鹿児島市電700形（701AB～704AB）

◯連接車となった大阪市電3001形
●形式：鹿児島市交通局700形701AB ～ 704AB号
●製造：ナニワ工機　1966(昭和41)年
●電機品：東洋電機製造／日本エヤーブレーキ
●台車：住友金属／ナニワ工機

鹿児島市電700形は、大阪市交通局より3001形3021～3024号を購入し、新製名義で2車体3台車の連接車4本に仕立て上げたものである。車体2両分と台車／主要機器1両分で2車体連接車1編成に改造したため、不足する連接台車と2編成分の車体をナニワ工機で新造している。

主要機器は大阪市電3001形の帝国車輛製造グループである通称B車より、東洋電機製の制御システムと住友FS252台車にハイポイド・ギヤ使用の直角カルダン駆動、弾性車輪、ドラムブレーキと電磁式軌条吸着トラックブレーキなどハイレベルな装備を全て引き継いでいる。変更点は主に制動システム関係で、2両連接化に伴い保安ブレーキを設置。電制操作をマスコン側操作からブレーキ弁単一操作に変更したため、制動システムがSM-3-EからSLEDに変更。ブレーキ弁SA-2-Eを日本エヤーブレーキME-36-SWに換装。併せてロックアウトバルブとインショットバルブを内蔵したDD-1Aブレーキ制御装置を設置して電空同期機構を新たに付加。新造した連接台車であるナニワ工機NK-25には基礎ブレーキにディスクブレーキを採用、日本の路面電車車両では初の事例となった。

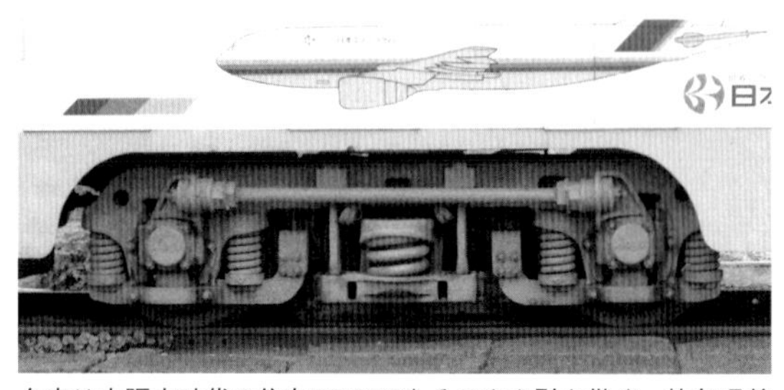

台車は大阪市時代の住友FS-252をそのまま引き継ぐ。軌条吸着トラックブレーキも健在。 1989.4.13　交通局車庫　P：宮武浩二

上写真の701Aの種車となった大阪市電3021。両車を比較すると、先頭部が絞られたため前面形状が細面になり表情が変化しているのがわかる。　1956.11.18　大阪駅前　P：荻原二郎

「大阪市電の最高傑作」と称された3001形の性能を活かした活躍が期待されたが、実際に運用すると3001形1両分30kw×4基搭載の主電動機のまま出力増強しなかったため、2両連接化に伴う重量増加に対してパワー不足であり、また連接車ではワンマン化できずに車掌乗務が必要となるため次第に余剰となり、改造車体の701ABと703ABは1979(昭和54)年に廃車。702ABも1985(昭和60)年の路線短縮時に廃車された。

704A＋704Bは４本のうちで唯一冷房化改造が行われ、1993(平成５）年まで活躍が見られた。写真はマイアミ市との姉妹提携を記念した装飾電車。
1990.10.18　鹿児島駅前
P：水元景文

残る704ABは1990(平成２）年に冷房化。平日朝ラッシュ時の輸送力列車として稼働していたが、1993(平成５）年８月の集中豪雨により冠水し休車、翌1994年に除籍された。「六大都市」の「無音電車」では最も長寿であった。

廃車後は住友FS-252カルダン台車が交通局車庫内で、仮台車として使用されていたが現存しない。しかし鹿児島市交通局の「歴史資料室」に大阪市電3001形「B車」由来のマスターコントローラー東洋電機ES-95-Aと鹿児島市交通局に移籍後換装した電空併用ブレーキ弁、日本エヤーブレーキME-36-SWが模擬運転台コーナーとして設置されており、貴重な技術資料となっている。

こちらは旧塗装のまま休車中の鹿児島市交通局700形702A＋702B。　1989.4.13　交通局車庫　P：宮武浩二

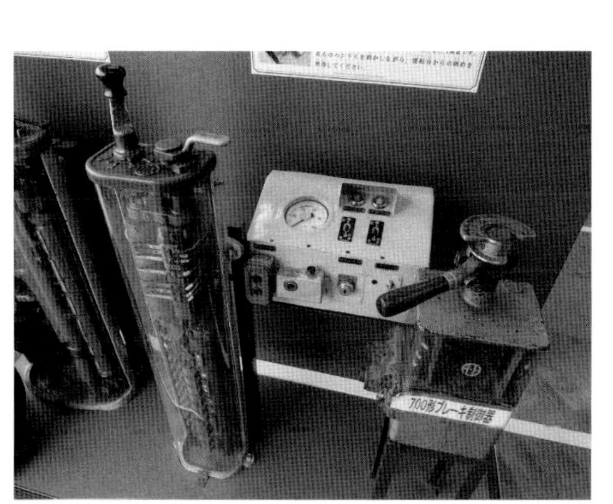

展示された大阪市電3001形「B車」由来のマスコン東洋ES-95-Aと、鹿児島入りの際に換装された日本エヤーブレーキのME-36-SWブレーキ弁。
2019.8.26　鹿児島市交通局資料展示室　P：松田義実

Column4　大阪市電3001形の鹿児島入りの際のエピソード

1. 鹿児島市交通局が3001形の譲渡を申し入れた1965(昭和40)年当時は車齢が法定耐用年数の13年に満たず、大阪市側も極力3001形を活かす方向であったため、譲渡価格が高めに設定されていたという。鹿児島市側も折衝を重ねて、集電装置のビューゲルを撤去した状態で売却することで譲渡金額を抑えた。
2. 700形運用開始前に乗務員を大阪市交通局に派遣、3001形の教習を行なっている。
3. 鹿児島に譲渡後、検査時の直角カルダン駆動装置オーバーホールの際、メーカーである住友金属よりサポートを受けたという。

公営カルダン車編のおわりに

はじめに述べたように、「無音電車」というカテゴリーの成立過程を、日米の電車技術の系譜という視点よりまとめてみた。米国PCCと同様に、「六大都市無音電車規格統一研究会」を組織し、日本国内でも高性能車を規格化する動きがあり、実際に兄弟車と言える車両も存在した。

執筆に当たり、諸先輩がしたためた古の車両紹介記事から更に詳細を突き詰めるべく思案していたが、NPO福岡鉄道史料保存会理事長である吉富実氏の助言で軌道を管轄していた建設省の公文書での車両設計認可申請を閲覧、不足分をかなり補うことが出来た。しかし限られた時間での調査では東京都電など一部の車両は、公文書に到達する事が出来ず画像や従前からの資料による推測となってしまったことをお詫びしたい。

なお、今回は「公営カルダン車編」としてまとめたが、次号の「民営鉄道編」も現在準備中であり、さらに公営企業体でも間接自動・弾性車輪など「無音電車」仕様のコンポーネンツに「吊掛駆動」を採用した「準・高性能車」と言える車両を今回は紹介できなかったため、「民営鉄道編」にて紹介する予定である。

最後にこの書をまとめるに際し、度々励ましの言葉と多数の貴重な画像を提供頂いた稲葉克彦氏、様々な助言を頂いたレイルマガジン編集部担当の水野宏史氏、調査の際にご協力頂いた国立公文書館、国立国会図書館のスタッフの皆様には厚く御礼申し上げる次第であります。

※参考文献は、次号「民営鉄道編」にて記すこととする。

(NPO福岡鉄道史料保存会)

都電１系統(品川駅前～上野駅前)の廃止に伴い、お別れの装飾をまとい大勢の人に見送られながら銀座中央通りを行くPCCカー－5501号。
1967.12.9　銀座七丁目－銀座四丁目　P：荻原俊夫